ちくま新書

兵学思想入門

——禁じられた知の封印を解く

拳骨拓史
Genkotsu Takufumi

1280

兵学思想入門

——禁じられた知の封印を解く

【目次】

はじめに

†日本独自の兵学思想

第一次世界大戦で連合国を勝利に導いたフランスのフェルディナン・フォッシュ元帥（一八五一〜一九二九）は「パリにはパリの兵学があり、ブリュッセルにはブリュッセルの兵学がある」と述べている。パリにはパリの、ブリュッセルにはブリュッセルの兵学があるならば、日本人が学ぶべき戦争論とは日本独自の兵学思想に他ならない。

江戸時代を代表する兵学者、山鹿素行《やまがそこう》（一六二二〜一六二八）は自らの主要兵書である『武教全書《ぶきようぜんしよ》』が中国の「武経七書《ぶきようしちしよ》」（第一章にて説明）に拠るものかと尋ねられた際、

武の七書の如き、その法は甚だ取るべくして、その用用ふべからず。異国自ら異国の武あり。本朝自ら本朝の武あり。ゆえに主将、士卒、兵衣、器械、用具、賞罰、天時、

地理、亦《また》その国俗に因《よ》りて悉《ことごと》く変ず。何ぞ必ずしも武の七書に因らんや。わが指すところの道は自ら一家の道あり。而して天地に建ち、万物に徴《ちょう》し、古今に通ずるなり（『山鹿随筆』）

と「異国自ら異国の武あり。本朝自ら本朝の武あり」と日本には日本自らの武があると述べ、自分の兵学は中国とは異なるものだと明言している。

では「日本独自の兵学思想とは何か？」と尋ねられたとき、何を連想するだろうか。日本兵学については和辻哲郎文化賞を受賞した野口武彦氏（神戸大学名誉教授）の『江戸の兵学思想』（中央公論新社）、前田勉氏（愛知教育大学教授）の『近世日本の儒学と兵学』（ぺりかん社）などを先行研究として挙げることができるだろう。

だが両書とも対象は江戸時代の兵学思想に絞り込んでいるうえ、『江戸の兵学思想』は、江戸の兵学思想と謳いつつも西洋思想やナポレオン、クラウゼヴィッツ将軍の『戦争論』などを軸として論じており、野口氏自身が述べるように「長編思想史エッセイ」であり兵学思想の根底については論及していない。

一方で前田氏は『近世日本の儒学と兵学』において、

「それでは、一体、近世の兵学とはいかなるものであっただろうか。（中略）近世日本の兵学は、単に戦闘方法や戦闘装備だけを取り扱ったのではなく、戦国時代の争乱の中で蓄積された軍隊統制法と戦術・戦略論を平時の修己治人に拡大・応用しようとするものであった」

と日本兵学思想の持つ特徴を喝破しているが、これは日本兵学思想の持つ特徴の一端に他ならない。

日本兵学思想の真髄とは、自己を律することを求めるだけでなく、日本独自の国家観・戦争観が中心にあり、それを囲むように修己・治人・治国・平天下（儒学では修身・斉家・治国・平天下と言う）へと繋げていくものなのである。

日本の兵学思想は、こうした豊かな内容を持つ日本独自のものであったが、それは不幸にも忘れ去られてきた。なぜそうなってしまったのだろうか。

†二度失われた兵学思想

「兵学」を辞書で引くと「用兵や戦術などを研究する学問」（『大辞泉』小学館）だと出てくる。しかしこれは、かなり狭い兵学の定義である。

防衛庁防衛研修所戦史室の初代室長であった西浦進元陸軍大佐（一九〇一〜一九七〇）は『兵学入門——兵学研究序説』（田中書店）で、陸軍で兵学として教えられた教育も、上記の辞書のようなものであったとしつつ、「今日になって考えてみると（中略）戦争準備に関する部門を、簡単に、兵学の研究対象外とすることには、大きな疑問がでてくる」「政府の中における軍最高当局の立場、いわゆる戦略の中における、戦略運用の部面に関する研究は、政治学（国内、国際）の対象となるとともに、兵学の対象ともなる」として、兵学とは、

①軍政学（戦争手段の建設や維持、培養《ばいよう》を対象）
②大戦略（政略における諸戦略統合運用を対象）
③用兵学（戦略、戦術〈局地政略の中における、これらの統合運用を含む〉）

であるとの定義をおこなっている。

西浦元大佐がこのように兵学の定義を拡大させたのは、ナポレオン戦争を戦ったプロイセン軍の軍事理論家であったクラウゼヴィッツ将軍（一七八〇～一八三一）らの時代と異なり、将来戦の様相が在来型の戦争にとどまらず、革命やテロ、核戦争など複雑化し、平時と戦時、戦闘員と非戦闘員の区別も困難になってきているからであった。

しかしこのような観点は、西洋兵学はいざ知らず、東洋、とりわけ日本兵学では数百年

も前から考えられ、論じられてきたことだったのである。つまり、西浦大佐の時代、昭和陸軍での兵学思想は、かなり狭いものになってしまっていたのだ。修己・治人・治国・平天下の思想を含む、徳川時代の豊かな兵学思想はすっかり失われてしまっていたのだ。

日本の伝統的な兵学思想は『古事記』『日本書紀』の時代から幕末まで継承されたものの、西洋兵学が流入したことで消滅した。ただ、日露戦争によって秋山真之《さねゆき》参謀（一八六八〜一九一八）が日本の古流兵法にヒントを得た秋山兵学で、世界最強と謳われたバルチック艦隊を撃滅したことから、再び日本兵学は帝国海軍を中心に陽の目を見ることになる。やがて大東亜戦争に向かうにつれ「日本独自」という部分が必要以上に強調され始めた日本兵学は、極端な精神主義のみが強調され、敗戦の一因をつくることになり、終戦とともに再び消滅したのである。つまり、日本の兵学思想は、近代において二度失われたことになる。

本書の構成

戦後の日本の歴史は、日本文化の喪失の歴史とも言われている。

今、多くの日本人は自分たちの歴史や伝統を知らず、自分の国に対して誇りを持てず、「自分たちが誰なのか見失っている」と言われている。そしてこのような「さまよえる日本人」が多いことが、日本低迷の原因ではないだろうか。

このような人々を救済する道はただ一つ。今、自分はどこにいるのか。周りには何があるのかを知ることができる〝地図〟を与えることだ。それは自分たちの歴史・伝統を知ることに他ならない。

本書は日本の兵学思想が持つ日本独自の国家観・戦争観を明らかにするだけでなく、日本の兵学思想が有史以来、どのような歩みをたどったか。そして現代において日本独自の兵法思想を蘇らせる必要について論及するものである。

第一章では、そもそも日本兵学とは何か、その独自性がどこにあり、なぜ重要なのかについて初歩を解説する。『孫子』を代表とする中国兵学や西洋の兵学との違い、そしてその違いが江戸時代に生み出されたことを概観する。そして、日本兵学思想の果たした最大の役割として、明治維新の原動力となったことを特筆したい。

続く第二章では、日本兵学の起源に立ち返り、まず古代における『古事記』『日本書紀』を兵学でいかに解釈するか、吉備真備《きびのまきび》の兵法思想はいかなるものだったのかを探り、その後中世に発展した独自の日本兵学、戦国時代における兵法思想について論じる。

第三章では、江戸時代に発展した甲州流兵学・山鹿流兵学・北条流兵学・越後流兵学・楠《くすのき》流兵学のそれぞれの特徴を紹介し、それらが明治維新にいかにつながったかを見ていくことにしたい。垂加《すいか》神道と兵学の秘められたつながりも明らかになるだろう。本章は石岡久夫『日本兵法史』『日本兵学全集』に依るところが大きい。

第四章では、明治維新以後の西洋兵学への転換がありながら、日露戦争においては日本兵学の影響下にあったさまざまな人々――乃木希典《まれすけ》、秋山真之ら――によって勝利がもたらされ、しかしそれによって陸海軍が日本兵学を曲解し、精神主義に走っていくという歴史の皮肉を描き出す。

終章では、戦後の自衛隊の歩みをたどり、我が国の独立と平和を守る人々のために何をすべきかを、兵学思想の観点から論じたい。

本書が、これからの日本が進むべき道を考える際の、一つの地図となれば幸いである。

第一章

日本兵学とは何か
——その独自性と重要性

京都霊山神社にある坂本龍馬と中岡慎太郎の墓

1 中国兵法と『孫子』

†「武経七書」

中国の兵法といえば、兵法書『孫子』を想起する方が多いと思われるが、中国では宋の元豊《げんほう》年間（一〇七八〜一〇八五）に「武経七書」が定められた。「武経七書」とは武官の教育テキストとして頒布された、『孫子』『呉子』『司馬法』『尉繚子《うつりょうし》』『六韜《りくとう》』『三略』『李衛公《りえいこう》問対《もんたい》』の七冊の兵法書の総称である。

余談だが、中国で最も早く「武経七書」を注釈したのが施子美《せしび》の『施氏《せし》七書講義』である。しかしこの書物は中国では早々に散逸し現存していないと思われていたところ、実は日本で建治二年（一二七六）に金沢文庫の基礎を築いた北条実時《さねとき》が息子の北条顕時《あきとき》に命じて複写させていたことが分かった。中国は狂喜し、文久三年（一八六三）に刊行された『施氏七書講義』が逆輸入され、現在も大事に国庫で保管されているという。

では「武経七書」の兵法書とはどのような物か、それぞれを簡単に紹介すると、

『孫子』……中国の春秋時代に成立した兵書。始計、作戦、謀攻《ぼうこう》、軍形、兵勢、虚実、軍争、九変《きゅうへん》、行軍、地形、九地《きゅうち》、火攻、用間《ようかん》の十三編から成り、『呉子』と併称され「孫呉《そんご》の兵法」とも言われる。

『呉子』……中国の戦国初期の魏の名将、呉起の兵法と言われるが、現在伝わる『呉子』は唐の陸希声《りくきせい》（八三七〜？）が編纂したものであり、儒教の影響を受けた内容となっている。

『司馬法』……中国春秋時代の斉の将軍、司馬穰苴《しばじょうしょ》の兵法書とされている。司馬とは周代の軍部を司る官名であり、本名は田《でん》穰苴である。『司馬法』は斉の威王が家臣に命じて斉の兵法を研究させ、これに司馬穰苴の兵法を加えてまとめられたと考えられている。

『施氏七書講義』（国立国会図書館所蔵）

『尉繚子』……中国戦国時代、秦の始皇帝に仕え、国尉（軍部の長官）となった尉繚の兵法書。三国時代以後の偽書とする説もあったが、一九七二年に前漢の墓である山東省臨沂《りんぎ》県銀雀山漢墓《けんぎんじゃくざんかんぼ》から出土したことで覆された。

『六韜』……周を建国した軍師、太公望《たいこうぼう》の撰とされ、文韜《ぶんとう》・武韜《ぶとう》・竜韜《りゅうとう》・虎韜《ことう》・豹韜《ひょうとう》・犬韜《けんとう》の六巻、六韜から成っている。世に言う「虎の巻」とは、兵法の奥義が書かれた秘伝書「虎韜」が略され、虎の巻と称されるようになったもの。現存するものは魏晋時代の偽作といわれる。

『三略』……上略・中略・下略の三巻から成ることから『三略』と言う。周の太公望の著とも、漢の功臣張良（?～前一六八）が黄石公《こうせきこう》から授けられたとも言われるが、殷《いん》や周の頃にはなかった騎馬戦に言及するなど矛盾も多く、後世の人物が書いた偽書と言われている。『六韜』と併称され「六韜三略」とも言う。

『李衛公問対』……「問対」は受け答えを指す。宋代の阮逸《げんいつ》による偽作ともいうが、異説もあり定かではない。唐の太宗（五九八～六四九）と李靖《りせい》（五七一～六四九）による兵法問答集である。

この「武経七書」の中でも特別な存在となっているのが、『孫子』である。『李衛公問対』では太宗が「兵法書のなかで、どれが最も優れているか」と質問するのに対し、李靖は「『孫子』に過ぎるものはありません」と回答しているが、それ以外にも戦国時代には「孫呉を用いれば天下に敵なし」（『荀子』）などと言われるように、古来より『孫子』は〝兵学の聖典〟と位置づけられてきた。

†聖典『孫子』の特徴

『孫子』の特徴を挙げろと言われれば、いくつかを列挙することができるが、その最大のものは「不戦屈敵《ふせんくってき》」と呼ばれる思想である。

「不戦屈敵」とは「百戦百勝は、善の善なるものにあらざるなり。戦わずして人の兵を屈するは、善の善なるものなり」と言うように、戦争で百戦百勝することは最善ではなく、戦わずに敵を屈服させることを主眼とした思想になる。

では具体的にどのように不戦屈敵を実現すれば良いのか。それが「上兵は謀を伐つ。其の次は交を伐つ。其の次は兵を伐つ。其の下は城を攻む。城を攻むるの法は已《や》むを得ざるが為なり」であり、最上の策は敵の企図・政戦略を未然に無力化させ、その次は同盟関係を断って孤立化させ、それが難しい場合は敵軍を撃破し、最悪の方法は城塞都市を攻撃することだと言うのだ。

さらにもう一つの特徴が『孫子』の持つ視座にある。

マイケル・I・ハンデル米国陸軍戦略大学校教授は『米陸軍戦略大学校テキスト　孫子とクラウゼヴィッツ』（杉之尾宜生、西田陽一訳、日本経済新聞出版社）の中で、『孫子』とクラウゼヴィッツの『戦争論』を比較し、『孫子』は「もっとも高度な戦略レベルに視座を置いている」のに対し、クラウゼヴィッツは「より下位の戦略レベル、作戦レベルに重点を置いて議論を展開している」と述べている。

中華民国の軍事理論家であった蔣方震《しょうほうしん》（一八八二〜一九三八）陸軍上将は、昭和十年（一九三五）に日本の海軍大学校で「孫子に就《つい》て」（原文ママ）と題して講演した際、『孫子』十三編の体系について、

〈攻略〉

①始計……兵学成立の基礎
②作戦……軍事と財政と国民経済の調和
③謀攻……軍事と外交

〈戦略〉

④軍形……戦略の原則
⑤兵勢……戦略の原則
⑥虚実……戦略の応用
⑦軍争……戦略の応用
⑧九変……戦略の応用

〈戦術〉
⑨行軍……戦術原則の応用
⑩地形……戦術原則の応用
⑪九地……戦術原則の応用
⑫火攻……戦術原則の応用
〈総括〉
⑬用間……①始計と連絡して政略完成の端緒をなす

とまとめているが、一三編のうち四編（①②③⑬）が軍政や大戦略に関する内容であることがわかる。『孫子』の主張が単なる戦略・戦術の範疇のみにとどまらず、政治・経済・外交等の重要な国政にまで及んでいることは、大きな特徴の一つだと言えるだろう。

†リデル＝ハートと『孫子』との邂逅

「はじめに」で述べたように西浦元大佐は大戦略も兵学の一端であるとしたが、「大戦略」とは英国の戦略家であるベイジル・リデル＝ハート（一八九五〜一九七〇）が提唱したものである。リデル＝ハートは、長期的な視野から国家の目標である「よりよき平和」を達成すべく、国家の政治的・軍事的・経済的・心理的諸力を発展させ活用することを「大戦略（grand strategy）」と定義した。リデル＝ハートはそれ以外にも「間接的アプローチ戦略」という、正面衝突を避け、間接的に相手を無力化・減衰させる戦略を提唱している。

このリデル＝ハートの思想に大きな影響を与えた書物こそ、『孫子』であった。リデル＝ハートは『孫子』をクラウゼヴィッツの『戦争論』に比肩するもの、ある意味においてこれに優るものと位置づけ、自著となる『戦略論』の冒頭には『孫子』から引用した十二の文章を掲げている。後に続く引用文はペリサリウス、シェークスピア、ナポレオン、クラウゼヴィッツ、モルトケ、ドゥ・ロペック提督の各一句であることからも、リデル＝ハートが如何に『孫子』に傾倒したかがわかる。

リデル＝ハートは元米海兵隊准将であったサミュエル・B・グリフィスが解説・翻訳を手がけた『SUN TZU The Art of War』（オックスフォード大学出版）を出版した際、その序文に自身の「孫子論」について次のように述べている（以下は『グリフィス版孫子　戦争の技術』漆嶋稔訳、日経BPクラシックス、からの引用）。

一方、孫子の思想をより的確に説明してくれる新しい全訳が久しく求められていた。人類の自殺行為に等しい大量殺戮兵器となり得る核兵器が発達するに伴い、その必要性は増すばかりであったからだ。それ以上に、孫子の思想を解明する必要に迫られたのは、毛沢東率いる中国が軍事大国として再登場してきたからである。（中略）私が孫子に興味を抱いたのは、一九二七年春、サー・ジョン・ダンカンから届いた手紙を読んでからのことだ。ダンカンは、蔣介石の国民党による北伐に伴う緊急事態に対処するために、英国陸軍省が防衛軍司令官として上海に派遣した人物である。ダンカンの手紙は、次のように始まっていた。

「私は今、とてつもない本を読み終えたばかりです。それは紀元前五〇〇年に中国で書かれた『戦争論』です。本書には貴兄の「水の理論」の応用編を思い出すところがありました。すなわち、「軍隊は水のようなものだ。水は高いところを避け、くぼんだところを探す。水の流れは地形に従う。同じように、勝利も敵方の状況に応じて行動すれば得られる」と説いています。また、この本のもう一つの考え方は、現在の中国の将軍が応用しており、それは「最上の兵法とは、戦わずして敵を屈服させることだ」というものです」

本書を読んで、私と同じ考え方が少なからずあることに気づいた。特に、奇襲や間接アプローチ戦略の追求を何度も強調していることだ。これにより、戦術論も含め、原理的な軍事思想ほど不変の価値があるという確信を得た。

それから第二次世界大戦の真っ只中の約十五年後、蔣介石の教えを受けたという中国の駐在武官の訪問を何回か受けた。彼によれば、中国の陸軍軍官学校では、私の著書やフラー将軍の書物が主たる教科書として使われているという。私は「『孫子』は使わないのか？」と質問した。すると、「古典としては尊重されていますが、青年将校の大半は時代遅れと考えています。従って、近代兵器の時代ではほとんど研究するには値しないと思っています」という答えが返ってきた。

そこで、私は「君たちは『孫子』に立ち戻るべき時期にきている」と指摘しておいた。この短編には、私が二十冊以上の本を書いても論じられないほど多くの戦略や戦術の原理が説かれているからだ。要するに、『孫子』は、戦争論に関する簡明かつ最高の入門書であるだけでなく、研究を深めるほどに座右の書として手放せなくなる一冊なのだ。

大戦略の提唱者、リデル＝ハートの思想を根底で支えていたものは『孫子』だと言っても過言ではない。つまり冒頭に述べた西浦元大佐は現代戦の様相から軍政学・大戦略を兵学に加えることを提唱しているが、東洋兵学を押さえていればもっと早く、その答えに帰結することができたのではないかと思えてならないのだ。

†西洋兵学と東洋兵学の〝武〟に対する認識の相違

ここで疑問となってくるのは、西洋兵学と東洋兵学の違いである。

西洋兵学を代表する名著は、クラウゼヴィッツの『戦争論』（日本クラウゼヴィッツ学会訳、芙蓉書房出版）だが、本書では戦争について「戦争とは、相手にわが意思を強要するために行う力の行使である」「戦争は、政治的行為であるばかりでなく、本来政策のための手段であり、政治的交渉の継続であり、他の手段をもってする政治的交渉の遂行である」とし、戦争を政治の延長であると捉えた。

戦争が政治的交渉の継続であればこそ「戦争とは力の行為である。その力の行使においては、どのような制限もない。それだから、交戦者のいずれもが、互いにみずからの意志の実現を相手に強要する。そこで、相互作用が生じる。この相互作用は、極限にまで達せざるを得ない」「敵にわれわれの意思を強要しようとするならば、われわれが敵に求める犠牲よりも敵を大きく不利な状態におかなければならない」と、相手が条件を呑むまで力で屈服させる〝制限なき戦争〟への扉を開けることになり、この思想が世界大戦と交差することで人類は史上かつてない犠牲を払うことに繋がった。

では東洋兵学は戦争をどのように捉えたのか。

東洋では『春秋左氏伝《しゅんじゅうさしでん》』宣公十二年（前五九七）に「戈《ほこ》を止めるを武と為す」という言葉があるように、「武」という漢字を解字すると「戈を止める」、つまり戦さとは敵の矛を止める、抑止のためのものだと解釈されてきた。

確かに先述した『孫子』の「不戦屈敵」以外にも、中国古典では「兵は凶器なり」（『国語』）、「兵は不祥《ふしょう》の器にして、君子の器にあらず」（『老子』）、「兵は百歳一用《ひゃくさいいちよう》せず（戦争は忌々しいものだから百年に一度も軍隊を用いないほうが良い）」（『鶡冠子《かつかんし》』）といった表現が多く見られる。

すると、ここで疑問が生まれる。東洋兵学が戦争は抑止の手段であると主張するなら、一九四五年以降に中国政府が侵略した東モンゴル自治政府（現、内モンゴル自治区）、内モンゴル自治区人民政府（現、内モンゴル自治区）、東トルキスタン共和国（現、新疆《しんきょう》ウイグル自治区）、チベット（現、チベット自治区）などは何なのであろうかと。

中国政府はこれらを侵略したとは認めておらず、〝平和解放〟をしたのだと主張している。日本人の多くはこれを詭弁《きべん》だと捉えるが、中国古典を読んでいくと「兵は凶器」としながらも、一方で仁義正道に反し、国利民福を無視してまでも戦争を回避することは王者として最大の不徳だとも考えられてきたことがわかる。つまり君子や将軍らは仁義を中心としつつも、戦争の決断は政軍略の一致をもって決定すべきだというのが中国の伝統的解釈になる。

つまり中国政府が言う〝平和解放〟とは、中国の伝統的な戦争観の一端を表していると言えるのだ。

2　日本独自の兵学を生んだ江戸時代

†日本独自の〝武〟の解釈

ハーバード大学教授サミュエル・P・ハンティントンは『文明の衝突』（鈴木主税訳、集英社）の中で、世界は七つまたは八つの主要文明によって区分できるとしたが、日本は中華文明から派生して成立した文化圏「日本文明」であると定義し、日本一国のみで成立する孤立文明だとした。

では日本が日本文明という独自文明だとすれば、我が国は「武」をどのように捉えていただろうか。

実は日本は「武」について西洋とも中国とも異なる、独自の解釈を示していた。

それこそが「修理固成《つくりかためなせ》」（「しゅうりこせい」とも）とする考え方である。

「修理固成」とは国生み、天孫降臨などとともに、『古事記』の最初のあたりに出てくる話であり、

ここに天つ神諸《もろもろ》の命もちて、伊邪那岐命《いざなぎのみこと》、伊邪那美命《いざなみのみこと》、二柱の神に「この漂《ただよ》へる国を修め理《つく》り固め成せ」と詔りて、天の沼矛《あまのぬぼこ》を賜ひて、言依《ことよ》さしたまひき。故《かれ》、二柱の神、天の浮橋に立たして、その沼矛を指し下ろして画《か》きたまへば、塩こをろこをろに画き鳴らして引き上げたまふ時、その矛の末《さき》より垂り落つる塩、累《かさ》なり積もりて島と成りき。これ淤能碁呂《おのころ》島なり。

つまり、伊耶那岐命と伊耶那美命に、神々が「漂っている国土をあるべき姿に整え（修理）、固めなさい（固成）」と命じ、天沼矛《あまのぬぼこ》を両神へお授けになられた。そして天の浮き橋にお立ちになられ、天沼矛で下界をかき混ぜると、矛を引き上げた際に滴り落ちた潮がオノコロ島（今の沼島、絵島等諸説あり）になり、そこから日本列島が創られたという話である。すなわち日本の「武」とは西洋のいうところの「戦争を政治の延長」や、中国がいうところの「止戈《シカ》」という抑止的戦略でもなく、「武」は万物を創造し、育成するものだと解釈したのである。

オノコロ島だと言われている淡路島の絵島

「武」についてこのような解釈をした国は他になく、万邦無比だと言えるだろう。

この件については第二章にて詳述することとする。

†日本的自覚が花開いた江戸時代

江戸時代の外交政策として名高いのは「鎖国」である。

鎖国とはキリスト教を日本にとって有害であると考えた江戸幕府によって、キリスト教及び日本人の出入国を禁止し、カトリック国ではない中国、朝鮮及びオランダ等との貿易関係を除く他の外国人の日本渡航禁止による孤立政策のことである。

この政策は寛永《かんえい》十六年（一六三九）のポルトガル船来航禁止から嘉永《かえい》六年（一八五三）のペリーの黒船来航まで続けられた。

約二百年間にわたる鎖国により西洋文明は進歩し、

っていた。

科学や機械の発明は驚くべきものがあったが、日本ではこれらはほとんど足踏み状態となっていた。

一例を挙げれば徳川家康の時代、交通手段といえば早馬・早駕籠《かご》であったが、幕末になっても日本の交通手段は早馬・早駕籠であった。人力車は和泉要助、高山幸助、鈴木徳次郎の三名が発明したと明治政府より認定されているが、外国人が考案したとの説もあり定かではない。いずれにしても人力車は日本発祥であることに相違ないが、明治以降の発明であって江戸時代には誕生しなかった乗り物である。

このように西洋の物質文明の発達をよそに、ひたすら熟睡したのが江戸時代であった。無論、一部オランダなどを通じて外国事情を知ることはできたが、西洋の船は鉄でできているなどと聞くと「鉄が水に浮かぶ訳がないだろう」などと言っていた。

江戸時代というのは兎角《とかく》、この有様ではあったが、ことに精神上の教化においては十分に鍛錬されてきた時代であったとも言える。

外国からの新しい文化に触れることがなくなった人々は、これまで培ってきた日本の精神をより深く掘り下げる作業を二百年もの時間をかけてやってきたのである。

例えば神道にしても平安時代から仏教と一体化し（神仏習合）、同一の物（主に仏教を根幹）として信仰を集めていた。

室町時代には吉田兼倶《かねとも》（一四三五〜一五一一）が吉田神道を大成し、神道を万法の根本とし、神主仏従の立場をとったが、一般の人々にはあまり意識されずにいた。

江戸時代初中期頃を見てみると、清原国賢《くにかた》（一五四四〜一六一五）、度会延佳《わたらいのぶよし》（一六一五〜一六九〇）、吉川惟足《よしかわこれたり》（一六一六〜一六九四）などが日本を世界の中心たるべき最高の国だと賞賛している。

清原国賢は江戸前期の公卿《くぎょう》であり、神道にも通じて慶長勅版の『日本書紀神代巻《じんだいのまき》』の跋文《ばつぶん》でも知られているが、そこで日本の神道を尊び、「神道は万法の根本たり」とし儒教や仏教はその枝葉に過ぎないことを明言し、日本の優位性を提唱した。

度会延佳は度会神道（伊勢神道）の興隆に努め、仏教色を排して神儒《しんじゅ》一致の傾向を強くし、日本的自覚の思想を強めた。

吉川惟足は吉川神道を創始した人物であるが、『神道大意講談』で「日本国は万国の根本の国也」と述べ、日本は万国の親たる国であり、天皇は神道によって全世界を指導される偉大な君主であることを明らかにしたのである。

このような復古的な色彩は神道のみにとどまらず、儒学においては古代の言語・制度の理解を重視する「古文辞学派《こもんじがくは》」、また朱子学派、陽明学派の解釈によらず直接古聖人の教えを理解しようとする「古学派」、『古事記』『万葉集』などの日本の古典を研究して、日本固有の思想・精神を究めようとする「国学派」、水戸藩では『大日本史』という歴史編纂の大事業が、やがては国体論、尊皇論へと深化を遂げていくなど国民への啓蒙が大きく広まっていったのである。

†日本的自覚を打ち立てた山鹿素行

江戸時代は言うまでもなく、天皇より征夷《せいい》大将軍に任じられた将軍家と、それに仕える武士によってつくられた時代であった。

元禄前後からは武士のみならず町人を含め、南北朝時代の南朝の英雄楠木正成《くすのきまさしげ》（一二九四?～一三三六）への崇拝が強まり、また赤穂義士への礼賛が始まった。特に楠公崇拝は全国的に日本的観念を勧めるものとして広く普及し、赤穂義士は日本精神の正義感と忍耐力を扶養した。

しかしながら江戸時代において日本人の国民的自覚を説いた第一声は、兵学者である山鹿素行（一六二二～一六八五）より発したことは特筆すべきである。

山鹿素行は『古事記』『日本書紀』等の歴史書をひもとき、『中朝事実』を著した（一六六九年成立）。その序文には次のような反省が記述されている。

「私は中華文明の国（日本のこと）に生まれて、まだその美しさを知らず、もっぱら外国の経典を読み、その人物を慕ってきた。どうしてそのように心を放縦《ほうじゅう》にまかせてきたのか。また、その志を失ってしまったのか。奇を好むためか。あるいは異なった珍しさを尊ぶからであろうか」

当時は儒学の全盛期であり、中国文明に最大の敬意を払う者が多い時代に日本文明を唱導したことは痛快だと言えよう。

中国が自ら中華を称し、日本を東夷《とうい》（東の野蛮国）と呼ぶ不当な誤りを打ち破らなければならない。そして日本文明こそは中国にもインドにも劣らず、その独自性から将来、アジアの中心勢力になるであろうことを説いたのである。

素行は儒学を林羅山《はやしらざん》（一五八三〜一六五七）の門下で学び、兵学は小幡景憲《おばたかげのり》（一五七二〜一六六三）、北条氏長《うじなが》（一六〇九〜一六七〇）に学んだ。また広田坦斎《たんさい》に就き和学・歌学、高野山按察使院光宥《こうゆう》から神道を学んだ俊才であった。

しかしその素行をして、最初は中国崇拝に囚われ、中国が一番だと思い誤ったのである。その反省から『中朝事実』を書き、日本こそが「中華」であると大悟したのであった。

神道、国学、儒学、兵学に精通していた山鹿素行であればこそ、日本が武の国として優れていることを知り、『武家事紀《じき》』では根本的には全ての武士は朝廷に仕えるべきものであり、各藩主に真心から仕えることは朝廷へ忠義を尽くすことであると訴えている。

このような観点に立てたのは、素行が儒学者ではなく兵学者であったからであり、ここから日本的自覚が生じたことは特筆すべきことである。

山鹿流兵学の教えについては、第三章にて論じるが、以後の素行は亡くなるまで『中朝事実』の成果に基づき、『武経全書』『聖教要録』などの講義をおこなっている。江戸時代の兵学者を語るうえで、素行は一大金字塔を打ち立てたと言えるだろう。

†朱子学と兵学の対立

江戸時代は武士によって統治された時代であったが、初期においては戦国時代の下克上《げこくじょう》の空気が色濃く残っていた。

徳川幕府は主君への絶対的な忠義を説く朱子学を国民に教宣することで、安定した政権をつくろうと考えたのであった。

この試みは決して間違ってはいなかったが、時代が経過するにつれ、朱子学の正統性を重んじる姿勢から「政権は幕府ではなく、朝廷へお返しすべきだ」という発想が芽生えることになっていった。

そのため朱子学を根拠とし、間接的ではあるものの幕府批判をすることが可能となり、後年の幕末の動乱へと繋がっていくことになる。

そして幕府にとって政治学として活用されたのは、儒学だけでなく兵学も同様であった。後述する北条流兵学の祖、北条氏長は「夫《それ》軍法とは士法なり」、「兵法は国家護持の作法、天下の大道也。然るを兵法と云名《いうな》あるゆえに、戦の起りたるときばかりの事と心得（中略）是大なる誤なり」（『士鑑用法』）と打ち出し、兵法は国を護る作法であるとともに、天下を導く指針である。それを兵法という名前があるために、有事の際だけだと考えるのは大きな誤りだと述べたのである。

闇斎《あんさい》学派で崎門《きもん》の三傑と謳われた佐藤直方（一六五〇〜一七一九）は、「日本デハ、軍法ヲ大極ノヤウニ思フテ居ル。（中略）軍法ハ日用デナイ、コレヲサビシク思フテ、イツノ頃ヨリカ、軍法デ国ノ仕ヲキガナルト云コトヲ云出シタ。コレハ唐ニハナヒコトゾ」（『韞蔵録《うんぞうろく》拾遺《しゅうい》』）と批判をしているが、佐藤直方は朱子学の純一性を主張し、師である山崎闇斎（一六一八〜一六八二）が垂加神道を提唱すると、これに従わずに去った経緯を持つ。そもそも「唐ニハナヒコトゾ」と論難するが、日本と中国の「武」に対する考えは先述したように異なる物であり、中国と同じではないからと批判をするのは筋違いというものである。

室鳩巣《むろきゅうそう》（一六五八〜一七三四）も「兵法のもとは、敵を料《はか》り勝つことを制するの謀にありといふ事を知らず。其中、ことに理にくらき人は、兵に荷担して、国家を治むるの道も、是に外ならずといふめる」（『駿台雑話』）というが、室鳩巣もまた陽明学や仁斎学、徂徠学が流行する最中、朱子学を墨守した人物であった。

前田勉『近世日本の儒学と兵学』によれば、兵学と朱子学の対立点として、①集団と個人に関わっている（朱子学者は「理」を重視するのに対し、兵学者は組織を維持すべく「法」を優先した）、②自国認識と対外認識（朱子学者は自国と外国との平等性を主張したが、兵学は日本中心主義を培養した）、③経済活動（朱子学者は倹約により節約することを説いたが、兵学者は欲望を肯定し、商業活動も積極的に認めていた）を挙げている。

前田氏はこの本の中で、朱子学者の立場に寄り添い兵学者を批判する姿勢をとっているが、比較してみると兵学者の方がリアリズムに徹しており、真っ当な意見を述べているように私には思える。

特に②の朱子学者が日本と中国を平等のものと捉えていたという指摘には疑念が残る。徳川幕府が朱子学を儒教の正学と定めたことで、日本人のなかにも「中国こそが世界の中心」「中国は聖人君子の住む国」だと考える儒学者たちが多く出てきているからだ。

†朱子学者たちの中華崇拝主義

日本で朱子学を普及させるのに甚大な功績を挙げた藤原惺窩《せいか》（一五六一〜一六一九）は、「ああ、中国に生れず、またこの邦《くに》の上世に生れずして当世に生る。時に遭はずと謂ふべし」

と、中国ではなく日本に生まれたことを悲しんだ。さらに日本には学ぶ師がいないと中国への渡海を企て実行するも、海流に流されて鬼界ヶ島に流れついてしまう。夢に破れた惺窩は、服装だけでも中国に近づけたいと儒服をまとって満足していたという。


また有名な話では山崎闇斎が門弟に対して、

「もし中国から孔子・孟子が大将となって攻めてきたら、われわれ孔孟の道を学ぶ者はどうするか？」

と質問した話がある。孔子・孟子は儒教の聖人である。儒学者にとってこの質問は、神父に「キリストが日本に攻めてきたらどうするか？」という質問をするのと同じようなものだ。


闇斎は、門弟たちが唖然《あぜん》として誰も答えられないのを確認すると、

「私たちは孔子・孟子と戦い、これらを捕らえて国の恩に報いるのだ。これが孔子・孟子の教えである」

と答え、門弟の蒙《もう》を啓《ひら》いたという。この話は闇斎の大面目として有名だが、同時に当時の学者たちの中国に対する一般的な見方を示していて興味深い。闇斎は中華崇拝主義者が許

せなかったらしく、

「世の儒者我が国を以て、夷狄《いてき》道なきの邦となし之を卑下す。異邦は中国を道有るの国となして之を尊崇す。自ら異人となり、夷に変ずるを謂ふて而も快然たる者或は之有らん。吁嗟《ああ》神国に冠する者、独り神道を学ばざるの儒者に非ずして何ぞや」

と日本人なら儒者も神道を学ぶべきとしている。

松宮観山《かんざん》（一六八六〜一七八〇）は『異説弁解』のなかで、

「窃《ひそか》に按《あん》ずるに儒為る者此の邦に在るや、猶《な》ほ帰化人のごとし。其れ彼の国を尊び、彼の道を誇る。亦其の所なり。其れ本土を賤しむるの言に至りては、則ち国人何ぞ等閑《なおざり》に看過すべけんや」

と述べている。

またテレビの『水戸黄門』でおなじみの黄門様こと徳川光圀（一六二八〜一七〇〇）が『大日本史』の編纂に取り掛かったのは、「皇祖《こうそ》太伯《たいはく》説」が動機の一つに挙げられている。簡単にいえば天皇陛下は、孔子さえ尊敬した周王朝の末裔《まつえい》、太伯の子孫だというものである。儒学者はこれを名誉なことと考えていた。

さきの闇斎などはこの説を提唱する儒学者を「神聖の罪人なり」として斬って捨てている。光圀は、

「これは正気の言ではない。『後漢書』などに天皇が周王朝の末裔と書かれているのは、昔中国に亡命した日本人やその他中国に行った無知な者が杜撰《ずさん》な物語を話したのを、中国の人々が真実と勘違いして伝えたものである。わが国には昔から『日本書紀』や『古事記』という正史がある。それに背いて外国の記載から皇室の伝統を汚そうとするのは悲しいかぎりだ。昔、後醍醐天皇の時代にこれらの説が流れたときはその書を焼き捨てたというが、聖徳太子の時代は学問が未熟であったにもかかわらず『日出づる処の天子、日没する処の天子に致す』と書いて、対等に交渉している」

水戸市にある水戸光圀像

と述べて大憤慨している（安藤為章《ためあきら》『年山紀聞《ねんざんきぶん》』）。そこで光圀は、後世の日本人に正しい歴史を残す必要があると考えたのだ。

このような事実を鑑みた際、日本の朱子学者たちが我が国と中国を平等だと認識していたと一般化することには違和感がある。むしろ前田氏が述べたこととは正反対で、朱子学者たちは中国を誇り、日本を賤しむことの方が多かったのではないか。

またこのような考え方は朱子学者に限らず、日本の儒学を朱子学の呪縛から解き放った思想家である荻生徂徠《そらい》（一六六六～一七二八）にしても、中国を崇拝すること人後に落ちないものがあった。たとえば孔子の画に賛を書くとき「日本国夷人物茂卿《ぶつもけい》」と書いてみたり（「物茂卿」は先祖の名にちなんだ自称）、日本人を「東夷之人」や、日本語を〝うるさくて意味が通じない異民族のことば〟などと言ったりしている。

そのため当時の庶民は徂徠をからかって、「徂徠が江戸から品川に引っ越して上機嫌だったので、『先生、どうしてそんなに機嫌がよいのですか？』と尋ねると、徂徠曰く『唐に二里近づいた』」などというジョークを流行らせたほどだ。

荻生徂徠は「梅が香《か》や隣は荻生惣右衛門《そうえもん》」などと詠われるほどの人物であったが、その彼をしてもこの有り様であった。

陽明学者であった熊沢蕃山《ばんざん》（一六一九～一六九一）も『集義和書』において、

「中夏の外、四海の中には日本に及ぶべき国なし」

と〝中国以外なら〟日本が一番の国だと言い、

「唐土よりも日本国をば君子国と褒めたり」

と中国が日本を君子の国と褒めたことを喜んでいる傾向がある。

日本と中国の武に対する認識の相違には中国では隋の文帝の時代（在位五八一～六〇四）から、儒学は科挙（高等官資格試験制度）に合格し、エリートになるため必要な学問だとされたことにも原因がある。その結果、中国では文官・武官に分かれ、武は卑しいものと考えられた。宋学を創始した一人である張横渠《ちょうおうきょ》（一〇二〇～一〇七七）は、若い頃に兵法を好んだが、范仲淹《はんちゅうえん》（九八九～一〇五二）より戒められ、儒学に打ち込んだという話はそれを示している。

一方、日本では儒学とは道徳として必要なものとして捉えられたことで、文武兼備を説く武士だけでなく町人・百姓等に至るまで広く浸透することになった。中国と並べて是非を論じるまでもない話だ。

いずれにしても兵学は江戸時代の国教となった朱子学に、敵視されるほどの力をつけたのは事実相違ない話であり、江戸時代を通じて多くの兵学が隆盛を迎えたのであった（第三章で詳述する）。

3　明治維新の原動力となった兵学

†徳川家よりも天皇を護れと伝えられた尾張藩

明治維新の原動力となった思想として挙げられるものには、朱子学・陽明学・国学・蘭学などがあるが、寡聞《かぶん》にして兵学思想を挙げる者はいない。

だが兵学思想は維新の大きな原動力になったことは疑いの余地はない。そして、そここそ日本思想史における兵学思想の重要性があると言ってよい。

長沼流兵学の系譜に近松茂矩《しげのり》（一六九七～一七七八）がいる。

近松茂矩は一全《いちぜん》流兵学の創始者であるが、武術を好んだ尾張藩藩主徳川吉通《よしみち》（一六八九～一七一三）により「武道全流道知辺」の伝と称し、兵学武術の統合を命じられた。吉通亡き後は、その遺命により長沼流兵学を学び、さらに神軍伝大星思想を導入して日本的兵学の神道精神を唱導した。また稲富《いなどめ》流などの砲術も糾合し、一全流練兵伝を大成し尾張藩独自の兵学を築いた人物である。

近松茂矩の著書に『円覚院様御伝十五箇条《えんかくいんさまごでんじゆうごかじよう》』というものがある。これは尾張藩の秘伝とされた書であり、吉通が臨終する間際に長男である徳川五郎太（一七一一〜一七一三）が成長した後に伝えよと遺言したものである。

しかし五郎太が夭折《ようせつ》したため伝える機会がなく、自分の余命がいくばくもなくなったことを悟ったため、これを文書にして藩主に捧げたものであった。その一説に、

「御意に、源敬公（尾張藩初代藩主、徳川義直）御撰み軍書合戦巻末に、依王命被催事といふ一条あり。（中略）既に大名にも国大名といふは小身にでも公方の家来あしらひにてなし、又御譜代大名は全く御家来也之者之者は全く公方の家来にてはなし（中略）保元・平治・承久・元弘のごとき事出来りて、官兵を催されることある時は、いつとても官軍に属すべし。一門の好みを思ふて、かりにも朝廷にむかふて弓を引事あるべからず」

名古屋城にある「依王命被催事」碑

とある。つまり尾張徳川藩は初代義直以来、「もし天皇に危機が迫ったならば、徳川一門よりも天皇を護るために兵を動かせ」とする秘伝の文書があったのである。

楠木正成が戦死した地に創建された湊川神社にある「嗚呼忠臣楠子《なんし》之墓」の発案は、徳

川光圀ではなく、義直であったとする説もあるように熱心な尊皇家としても有名であった。

この遺訓は維新の際に発揮され、尾張藩主徳川慶勝（一八二四〜一八八三）は、

「天朝とは君臣の義あり。幕府とは父子の親あり。国家艱難《かんなん》の際に当《あた》りては、父子の親を棄てて君臣の義をば立つべきなり。今や幕議に随へば叡慮《えいりょ》に応ぜず。寧《むし》ろ天朝に奉仕するの外なし。徳川中原の鹿を失はば又得る人あるべし。その時こそ天下治平に属すべけれ」

と言って、徳川幕府を護るのではなく、官軍に率先して帰順することを表明した。

徳川慶勝は実弟である会津藩主松平容保《かたもり》（一八三五〜一八九三）と桑名藩主松平定敬《さだあき》（一八四七〜一九〇八）を討つべく甲信地方に軍を動かし、時代の中枢に立ったのである。この尾張藩の行動は近松茂矩、『円覚院様御伝十五箇条』を知らなくては理解することはできないはずである。

一方で会津藩主松平容保の側では、初代藩主であった保科正之《ほしなまさゆき》が制定した家訓《かきん》の第一条に、

「大君の義、一心大事に、忠勤を存すべし。列国の例を持って自ら処すべからず。もし二心を懐かば、すなわち我が子孫にあらず。面々決して従うべからず」

として、他国の動向に左右されることなく徳川幕府に忠義を尽くすべきであり、それをしないなら、最早保科正之の子孫ではない。家臣もそんな主君に従ってはならないという教

えがあった。松平容保が京都守護職を幕府から拝命した際、反対する家臣をこの家訓で説得したともいう。

尾張藩と会津藩は実の兄弟でありながら、互いの進路を変えた要因に、この家訓の違いがあったと言えるのではないだろうか。

もっとも会津の家訓は、保科正之の命を受けた山崎闇斎が作成したものであり、幕府が朝廷に二心を抱くならば従う必要はないとする暗黙の意味が込められているという説もある。

†日本兵学の秘中の奥義「大星伝」

尾張藩は尊皇の念を長く秘してきたが、近松茂矩は武道について、

「所謂神道は武道の根也。武道の本は神道也。道に二つなし（中略）神武の道なれば我国に生れたる者四民共に其教を受け其伝を行はずんば有べからず。左なき人は我国の人たれども心意は異邦の人たるべし」（『神国武道辯』）

と述べており、神道と武道の一致を提唱している。

江戸時代の兵学には甲州流兵学、北条流兵学、山鹿流兵学、越後流兵学、長沼流兵学等の諸流兵学が完成されたが、その多くは上代《じょうだい》の神武《じんむ》天皇を模範としたものであった。

北条流兵学を学んだ松宮観山は、

「一二の儒生《じゆせい》難して曰、我儒の道、神仏と同日の談にあらず。要論の説は煩雑、容悦国家に諂《へつら》ふもの也と。或云、仏を信じ神を尊び、又儒を倡ふ。其学や定見なし。よむ人をして適従する所に迷はしむ」(『三教要論』)

と述べているが、論難した儒者たちは兵学には神道思想が根本思想にあることを知らなかった。神道が大本にある以上、儒学を加え、あるいは仏教を入れたとしても根底は動かずに日本の国体を明らかにすることを彼らは知らなかったのである。

では兵学の大本にあった神道思想とは何であったか。それが「大星伝《たいせいでん》」と言われる思想であった。

「大星伝」は甲州流兵学の秘であり、特に北条流兵学の祖、北条氏長によって強く唱導された。北条氏長は甲州流兵学の祖である小幡景憲の筆頭弟子であり、蘭人ユリアンより推問したオランダ兵法を取り入れた。

山鹿素行は小幡景憲の弟子であるが、景憲はすでに老齢を迎えていたため、素行へ実質的に兵学を教えたのは北条氏長である。

この「大星伝」とは隠語であり、「大」は解字すると「一人」。「星」は「日生」となる。「一人日生」、つまり日本において太陽の徳を背負われる方はただ御一人。天にあっては天《あま》照大神《てらすおおかみ》であり、地にあっては天皇陛下を示す。すなわち日輪である天照大神（天皇）を背負って戦えば、必ず勝利するという意味なのである。この思想は文字では書き残されず、口伝でのみ伝承された秘中の秘であった。

この口伝を授ける際には、清浄潔斎《けっさい》して、部屋を清め香を炊き、床の間には「天照大神」「八幡大菩薩」「春日大明神」の尊号を掲げ、恭しく神前に血誓してから伝授されたという（有馬成甫「日本兵学の本質と大星伝」〈海軍大学校、昭和十五年二月十九日講演〉）。

「大星伝」という日本独自の思想が生まれるきっかけになったのは、『古事記』『日本書紀』に描かれた神武天皇の御東征であった。

『日本書紀』では長髄彦《ながすねひこ》との戦いで苦戦した神武天皇の「神策《あやしきはかりごと》」（名案）と言われるものであり、

「今我《いまやつかれ》は是れ日の神の子孫にして、日に向いて虜《あた》を征《う》つは此れ天道《あめのみち》に逆えり、退き還りて弱きことを示して、神祇《あまつやしろくにつやしろ》を礼《いやま》ひ祭《いは》ひて、日神の威を背に負ひたてまつりて、影のままに壓躡《おそひふ》まむに若《し》かじ。かからば則ち、曾《かつ》て刃に血ぬらずして、虜必ず自らに敗れなん」

との詔であり、『古事記』では、

「吾は日神の御子として、日に向ひて戦ふこと良はず。故賤奴《せんど》が痛手をなも負ひつる。今よりはも、行き廻りて、日を背負ひてこそ撃ちてめ」と記された御精神を示しており、少なくとも『古事記』『日本書紀』が編纂された奈良時代初期には、日神の威を受ければ勝利を獲れるとする思想が成立していたことがわかる。

直射日光の有利・不利が物理的に影響を与えることは当然であるため、これが戦法思想と太陽神である天照大神と重なることで日本独自の兵学思想が生じたのだろう。

この考え方は後世の神道家にも影響を与え、伊勢神道の度会直方の『神武軍伝』(一六八九年)には、その冒頭に「神武大星本義」を載せ、「是大星之始也」と述べ、奥書には「右、神武大星の宗源は、吾が度会の祖神、大幡主命、加夫羅居命に従い、累代的々伝来する所の神秘軍術なり」

とあるように伊勢神道も認めた思想であった。

いずれにしてもこの「日神の力を背負い戦う」という考え方が日本兵学に脈々と息づいたことは特筆に値する。

ただし山鹿素行を指導した北条氏長は、素行に対してはあくまで小畑景憲以来の軍配兵法として「大星伝」を伝えており、精神性までは伝えていなかったようである。

北条流兵学は幕末期では土佐藩藩校で教えられて、公武合体に尽力し十五代将軍徳川慶喜(一八三七〜一九一三)に大政奉還を建白した土佐藩主山内容堂《ようどう》(一八二七〜一八七二)も北

高知市にある土佐藩校致道館跡

条流兵学を修めている。

坂本龍馬（一八三五〜一八六七）は「朝廷というものハ国よりも父母よりも大事にせんならんというハきまりものなり」（文久三年六月十六日付書簡）と述べているが、武市《たけち》瑞山《ずいざん》（一八二九〜一八六五）率いる土佐勤王党などに代表される土佐藩の尊皇攘夷の思想的背景には北条流兵学があった点は特筆に値するのではなかろうか。

兵学者にとって兵学と天皇との関係は不可分なものというのは常識であり、やがて維新への胎動へと繋がることになっていく。

†明治維新と薩摩合伝流兵学

明治維新を語るうえでの快挙といえば、坂本龍馬と中岡慎太郎（一八三八〜一八六七）の仲裁によって成立した薩長同盟だろう。兵糧米が不足していた薩摩には長州藩のコメが必要であり、薩摩藩は軍艦と銃を長州藩に用立てるとい

三光神社にある真田幸村公之像

う作戦だが、薩摩藩がなぜ火力の保有に力を注いでいたかという裏に、日本兵学があったことを知る人は少ない。

明治維新に大きな影響を与えた兵学に、薩摩藩のみで伝承された「合伝《ごうでん》流」という兵学がある。合伝流は徳田邕興《ゆうこう》（一七三八〜一八〇四）により創始された兵学であり、江戸時代の兵学は甲州流兵学が武田信玄（一五二一〜一五七三）を範とするため、騎馬戦を重視する傾向がある。しかし合伝流は上杉謙信の軍師という越後流兵学の宇佐美良勝（一四八九〜一五六四）から真田幸村（一五七〇?〜一六一五）、後藤基次、熊沢蕃山を経由して伝わったとされ、これに島津家の軍法を加え、関ヶ原の合戦、大坂冬・夏の陣において見せた猛烈な火力戦を重視する点に特徴がある。

余談であるが、江戸の兵学者が時として古の名将の名前に仮託して伝書を執筆したのには、当時の事情からやむを得ないものがあった。その理由の一つは当時の学問は誰にでも開放するものではなく、門人になるには起請文《きしょうもん》を書いて血判を押して師弟の契を結んだのであり、学問は伝授のようなものであるから自然と伝書が重んじられた訳である。二つめは古人に仮託して伝書を書いたことは、日本に限らず中国・朝鮮等どこでもあったことだが、自分で考えたものを他人に託すのは僭越《せんえつ》だと謙遜し、古人の名前を借りたことが多いのであり、山師のような行為ではなかったのだ。

邕興は島津家が精強だったのは一人で百人の相手をするような剛勇だったからではなく、鉄砲を重視して他藩のように足軽任せにしなかったからだと説き、火力重視の姿勢を鮮明にして騎馬や槍を重んじる甲州流兵学を取り入れることは島津家を滅亡へと追いやるものだと批判した。

文久二年（一八六二）、生麦村で島津久光（一八一七〜一八八七）の行列を乱したイギリス人を薩摩藩士が殺傷したことで、イギリスは幕府・薩摩藩に犯人引き渡しと賠償金を要求する。世に言う生麦事件である。幕府は償金を支払うものの薩摩藩は拒否し、薩英戦争が勃発した。

イギリス艦隊は鹿児島湾に侵入し、薩摩の汽船を拿捕《だほ》すると、これに激怒した薩摩藩はイギリス艦隊への砲撃を開始。旗艦ユーリアラス号では艦長等が戦死する被害が出た。やがてイギリス艦隊は物資欠乏のため、横浜へ退却。薩摩藩は城下町の一割が焼かれたが、戦傷者は英国が薩摩藩を上回った。

薩摩藩一藩でイギリス軍と互角の戦いを演じることができたのは、薩摩藩による火力戦の力が群を抜いていたからである。そしてそれを可能にしたのが、合伝流兵学の素地であった。

また合伝流兵学の極意は戊辰戦争で東山道《とうさんどう》先鋒総督府参謀として活躍した伊地知《いじち》正治《まさはる》（一八二八～一八八六）に継承されている。正治は島津久光のもとで兵制改革にあたり、西郷隆盛・大久保利通らとも交流をもち、明治以降は修史館総裁や宮中顧問官などを歴任した。合伝流兵学の系譜は幕末で途絶えることになるが、西郷隆盛の弟である元帥海軍大将西郷従道《つぐみち》（一八四三～一九〇二）や警視総監となった三島通庸《みちつね》（一八三五～一八八八）なども合伝流兵学を学んでいる。また旧日本陸軍最初の制式小銃である「村田銃」を発明した陸軍少将村田経芳《つねよし》（一八三八～一九二一）も、合伝流兵学を修めている。

維新史を考察するうえで、合伝流の与えた影響は看過できないものがある。

†会津藩を支えた長沼流兵学

佐幕派の代表格といえば会津藩であるが、会津藩の兵学は長沼澹斎《たんさい》（一六三五～一六九〇）により創始された長沼流兵学を採用していた。

会津藩の兵学はいくつかの変遷があり、元々は甲州流兵学を採用していたが、元禄十年（一六九七）に楠木正成を祖とする河陽流兵学に改変。その後、天明八年（一七八八）に実戦に適さないとみた家老田中玄宰《はるなか》（一七四八～一八〇八）により、長沼流兵学へと改められることになった。（第3章で後述する太子流神軍伝もこれ以降消滅する）その後、幕末の最終まで長沼流兵学は会津藩を支え続けることになる。

長沼流兵学の最小戦闘単位は十名であり、これを「什《じゅう》」と呼び指揮官を什長とした。什の半分が「伍《ご》」となり、指揮官を伍長と呼んだ。会津藩の幼年教育の特徴として有名なものに「什の誓い」がある。

会津藩の上士の師弟は幼年教育として六歳になると、什という組織に四年間入れられ、身分を問わず一緒に遊ぶことが求められたが、そこで教えられたのが

一、年長者の言ふことには背いてはなりませぬ。
一、年長者にはお辞儀をしなければなりませぬ。
一、虚言（ウソ）を言ふ事はなりませぬ。
一、卑怯な振る舞いをしてはなりませぬ。

新撰組が練兵をした壬生寺

一、弱いものをいぢめてはなりませぬ。
一、戸外でモノを食べてはなりませぬ。
一、戸外で婦人と言葉を交へてはなりませぬ。
ならぬ事はならぬものです。

という「什の誓い」であった。その後、子弟は十歳になると藩校である日新館へと入学していくことになる（日新館では幕末まで長沼流兵学が教えられていた）。「什の誓い」の考え方は、長沼流兵学を教育に援用したものだと言えるだろう。

長沼流兵学は藩主が指揮する「中軍」以外を十二の組にわけ、その中の四組を「陣」と呼ぶ。家老三名が陣を指揮する陣将となり、これを分割して先鋒・右翼・左翼・殿《しんがり》・兵站《へいたん》などを担当させている。また担当部署を一年毎で循環させることで士卒に緊張感をもたせるとともに、それぞれの組には騎馬や足軽、鉄砲隊も混成されていた。

余談であるが幕末に活躍した近藤勇（一八三四〜一八六八）率いる壬生《みぶ》浪士組は、「八・一八の政変」（京都から尊攘派の公卿七名と長州藩を追放）において活躍したことで、会津藩より「新撰組」と命名され、あわせて京都市中警護を命じられたが、「新撰組」の名前は元々長沼流兵学の中軍にいる「諸芸秀俊の子弟」を指した言葉であった。

また会津藩は長沼流兵学を導入してから、「追鳥狩《おいとりがり》」という軍事演習を開始する。「追鳥狩」とはカモやキジなどの鳥を放し、兵がこれを追走してムチで叩くという模擬戦であり、最初に落とされた鳥は一番首になぞらえ栄誉あるものとされた。また実弾演習もおこなわれたことで会津藩では一陣ごとの行動に習熟する。

この結果、後にロシア海軍が樺太や北海道の漁村で略奪をおこなったことに伴う樺太《からふと》出兵（一八〇七〜一八〇九）や蝦夷《えぞ》地の開拓・警備（一八五九）や先述の会津藩主松平容保が京都守護職になった際（一八六二〜一八六八）でも、一年毎に京都番の一陣を速やかに交代させることが可能となったのである。

幕末になり西洋の近代科学によって従来の日本兵学では対応できなくなったとき、一部の藩は会津藩へ藩士を送り、長沼流兵学の練兵について修学させている。

たとえば備後福山藩は代々甲州流兵学を学んでいたが、ペリーとの間に日米和親条約を締結した老中で藩主の阿部正弘（一八一九～一八五七）は、会津藩から長沼流兵学について学び練兵を採用した。もっとも阿部は同時に伊豆韮山《にらやま》の代官で西洋砲術を習得した江川《えがわ》太郎左衛門《ろうざえもん》（一八〇一～一八五五）からも西洋兵学を修練させており、維新に際しては素早く西洋兵学に切り替えている。

また信州松本藩も会津藩に長沼流兵学について修学している。

会津藩が長沼流兵学を棄てたのは、鳥羽・伏見の戦いで西洋兵学を導入した新政府軍に大敗したことが原因であり、慶応四年（一八六八）三月十日に軍制の大改革を断行するにいたった。

軍制改革の中心となったのは洋式への移行のほか、年齢別の編成と農民や町人からも兵を募集することであったが、年齢別の編成は前述してきたように会津藩ではすでに長沼流兵学で実施していたことである。また身分を問わない編成は士族までの話であり、農民や町人レベルまでは至っていなかったが、心理的抵抗は少なかったと思われる。

白虎隊に代表される多大な犠牲を出したものの、会津戦争（慶応四年閏四月二十日～九月二十二日）までの短期間で速やかに西洋兵学へと移行できたのは、長沼流兵学の素地があったからに他ならない。

†吉田松陰と井伊直弼を結びつけた山鹿流兵学の教え

幕末に最も名高い兵学者は山鹿流兵学を修めた長州藩の吉田松陰であることに異論はないだろう。

吉田松陰（一八三〇～一八五九）は長州藩士杉百合之助の次男として生まれたが、叔父であり山鹿流兵学師範を代々務める吉田大助の養子となり兵学を修めた。しかし幼くして大助が急逝したため、同じく叔父であり山鹿流兵学を修める玉木文之進《ぶんのしん》（一八一〇～一八七六）、大助の弟子であった山田宇右衛門（一八一三～一八六七）から兵学に関する教育を受けた。

天保九年（一八三八）には九歳にして藩校明倫館で山鹿流兵学について講義をし、十一歳で藩主毛利《もうり》敬親《たかちか》の前で『武教全書』を講義する腕前になっていた。

さらに十五歳で長沼流兵学の山田亦介《またすけ》（一八〇九～一八六五）に学び、山鹿流兵学と長沼流兵学の両方を修めたのであった。

だが松陰がいわゆる日本的自覚に目覚めたのは遅く、日本の国史を実際に読んだのは水戸遊学の影響である。

松陰は水戸で会沢正志斎《せいしさい》（一七八二～一八六三）、豊田《とよだ》天功（一八〇五～一八六四）などと話して感銘を受け、

呉市にある宇都宮黙霖終焉之地碑

「身皇国に生れて、皇国の皇国たる所以《ゆえん》を知らざれば、何を以てか天地に立たん」

と帰藩するとすぐに一念発起して『六国史』（『日本書紀』『続日本紀』『日本後紀』『続日本後紀』『日本文徳天皇実録』『日本三代実録』）を読みふけった。

　松陰が初めてこれを読んだことは安政三年（一八五六）の書簡に、

「僕も王室に志を傾けたるは五年前のことなり。それより已前は大義はしらず候」

と書いていることからもわかるが、安政二年の月性への書簡では、

「天子に請うて幕府を撃つの事に至つては、殆ど不可なり」

と倒幕を否定し、また他の手紙などにも、

「幕府への御忠節は即ち天朝へのご忠節、二つこれ無く候」

「朝廷を推尊し幕府を重んぜば、大義赫々《かくかく》として天下に見《あら》われん。然る後神州復《ま》た一新し、東夷《とうい》北狄《ほくてき》、赤県を仰がん」

と述べたように、幕府への忠誠こそが皇室への忠義であると考えたのである。

松陰の思想が大きく転換するのは、宇都宮黙霖《うつのみやもくりん》（一八二四〜一八九七）という一向宗の僧侶との出会いであり、松陰の『幽囚録』を読んで水戸学的な朝廷（公）と幕府（武）が協力して政治をおこなう「公武合体」を徹底的に批判した。その結果、松陰は、

「之れを読みて憮然《ぶぜん》、結末に至りて茫然自失《ぼうぜんじしつ》、噫《ああ》、是れ亦妄動なりしとて絶倒致し候」

とし、

「終に（黙霖に）降参するなり」

と完敗を認めたのである。そして一君万民論を提唱し安政五年には、

「征夷は天下の賊なり。今措きて討たずんば、天下万世、それ吾れを何とか謂わん」

と激烈な倒幕論者へと転換したのであった。

松陰の思想を「尊皇佐幕」から「尊皇倒幕」へと転換させたものは、山県大弐《だいに》（一七二五〜一七六七）の『柳子新論《りゅうししんろん》』であった。

山県大弐の祖先は武田二十四将の一人山県昌景（一五二九〜一五七五）だと言われており、甲州流兵学と徂徠兵学、崎門学派の加賀美光章《みつあき》（一七一一〜一七八二）に神道を学んでいた。

熱烈な尊王論者であり「天に二日なく、民に二主なし」と訴え、「江戸城を攻めるには南風にのるため、品川に火を放て」と公言したため、謀反の罪で明和事件によって処刑さ

れた。

黙霖より『柳子新論』を与えられ読んだことで、松陰は思想家として新たなステージに立つことになり、それが時代を明治へと動かす大きな原動力となっていく。

山県大弐が「大星伝」を学んだ形跡があるかどうかは不明だが、甲州流兵学を学んだことから推察するに何らかの影響を受けていたことは相違なかろう。

ところで松陰が山鹿流兵学を修めたことは有名だが、安政の大獄で処刑するよう命じた近江彦根藩主井伊直弼《なおすけ》（一八一五～一八六〇）も西村台四郎に就いて山鹿流兵学を伝授されている。

井伊直弼が桜田門外の変で暗殺されたのは開国を決断したためであるが、本来の思想は佐幕・攘夷であった。

直弼は山鹿流兵学の免許皆伝を受けているだけあり、決して朝廷をないがしろにする訳ではなかったが、優先順位が「幕府あっての朝廷」であり、目指したものは水戸藩のような王政復古ではなく幕政の強化復興であった。

同じ山鹿流兵学免許皆伝者でありながら大きく道を違えたのは、松陰は黙霖との出会いによって「全ての武士は朝廷に仕えるべきものであり、各藩主に真心から仕えることは朝廷へ忠義を尽くすことだ」とする山鹿素行の教えを打ち破り、新たな境地へ到達したためであった。

旧来の素行の教えを超えることがなかった直弼と、新たな教えを切り開いた松陰の共通項が山鹿流兵学であったということは幕末思想史を考えるうえで興味深いことだと言えるのではないか。

以上、本章では日本兵学を捉えるための基本的な視点について概説してきた。以下の章では、日本兵学の出自に立ち返り、順次その発展の歴史をたどってみることにしたい。

第二章

日本兵学の芽生え

畝傍山の北東の麓、橿原神宮に北接する神武天皇陵

1　古代の兵法

†三種の神器は何を示すか

『古事記』『日本書紀』を通じ日本独自の「大星伝」などといった独自の兵学思想が生み出されたことは第一章で述べたが、第二章ではこれらの詳細と戦国時代までの日本兵学の歩みについて見ていきたい。

『古事記』『日本書紀』は言うまでもなく国史であるが、それぞれの成り立ちについては、

『古事記』……和銅五年（七一二）成立。天武天皇は諸家に伝えられている歴史に虚偽が混ざっていることを嘆き、今のうちにこれを正さなければ真正の歴史が伝わらないと考え、稗田阿礼《ひえだのあれ》にこれを習わせた。その後、元明天皇は太安万侶《おおのやすまろ》に稗田阿礼が暗誦しているものを筆記して献上せよと命じ『古事記』が誕生した。

『日本書紀』……養老四年（七二〇）成立。漢文・編年体で記述された舎人《とねり》親王らの撰による日本初となる勅撰の歴史書。

となる。

日本独自の兵学を語るならば、当然ながら日本独自の歴史より答えを導かざるを得ない。また我々の先人もそのように答えを導いてきたのである。総力戦研究所所長として日米開戦すれば「日本敗北」との結論を出した飯村穣陸軍中将（一八八八～一九七六）は「古事記を世界最高の政治書、兵術書と考えるようになったのは（中略）本格的な兵術研究の、結果である」と述べている（飯村穣『続兵術随想』日刊労働通信社）。

天沼矛《あまのぬぼこ》は修理固成の象徴であり、矛を用いて日本を創造させたが、この矛は神器として伝承されることはなく、三種の神器（八咫鏡《やたのかがみ》・八尺瓊勾玉《やさかにのまがたま》・天叢雲剣《あめのむらくものつるぎ》）のみが伝承されることになった。

天沼矛に格別な意味があることは、山鹿素行が、

「凡そ開闢《かいびやく》より以来神器霊物甚だ多くして、而して天瓊矛《あまのぬぼこ》（筆者注または天沼矛）を以て初となすは、是れ乃ち武徳を尊んで以て雄義を表するなり」（『中朝事実』）

と述べた通りであり、神器として最初に天沼矛が出てきたことに日本が尚武の国である所以があると見出すべきである。

国学者である平田篤胤《ひらたあつたね》（一七七六～一八四三）は『大道或問』において、「皇国は武を以て

本体とする事、自然の勢に有之候」として、天沼矛とは、世界の漂《ただよ》える一切のものを固め成し、全ての国を修成する御柱だと解釈している。

伊勢神宮の御神体である八咫鏡については天岩戸《あまのいわと》の話で初めて現れる。天照大神が須佐《すさ》之《の》男命《おのみこと》の乱行を恐れ、高天原《たかまがはら》の岩窟《いわや》に籠ったことで世界は闇に包まれることになったが、神々が天照大神のご出現をお祈りするために鏡をつくられた。鏡は太陽の象徴であるとともに、天照大神を象徴していたのである。また八尺瓊勾玉も鏡とともに、この時につくられている。

天叢雲剣は後年、須佐之男命がヤマタノオロチを退治したときに入手し、天照大神へと献上された。

三種の神器の中で最も重きを置いたものが八咫鏡であり、天孫降臨の際に天照大神が瓊《に》瓊《に》杵尊《ぎのみこと》〈天照大神の孫で命により葦原《あしはら》の中《なか》つ国〈日本〉を統治するため、高天原から天下った〉との別れに三種の神器を授け、鏡については「鏡を視ることは私を視るようにしなさい」と仰せられたことからもわかる。

現在では三種の神器といえば「皇位継承のシンボル」「皇位の正統性を示すシンボル」との意味で使われるが、なぜ三種の神器が「皇位継承のシンボル」とされているのかという点については一般的には広く知られていない。

あるいはそれについて語る場合でも、林羅山が、
「此三の内証は、鏡は智なり、玉は仁なり、剣は勇なり。智と仁と勇と三の徳を一心にたもつ義なり」(『神道伝授』)
と述べたように、三種の神器は「智仁勇」の三つの徳を示したものと考えるのが普通であろう。

その考え方は儒者のみでなく、『神皇正統記』を著した南北朝時代の公家であった北畠《きたばたけ》親房《ちかふさ》(一二九三~一三五四)も、

「三種の神器世に伝こと、日月星の天にあるにおなじ。鏡は日の体なり。玉は月の精なり。剣は星の気なり。ふかき習あるべきにや」

と三種の神器が伝来してきたのは、空に日、月、星があるのと同じくらいに当然のことであり、それぞれの意義については、鏡=日、玉=月、剣=星と解釈を示したうえで、鏡に関して、

「鏡は一物をたくはへず。私の心なくして、万象をてらすに是非善悪のすがたあらはれずといふことなし。そのすがたにしたがひて感応するを徳とす。これ正直の本源なり」

とし、玉については「柔和善順を徳とす。慈悲の本源也」剣については「剛利決断を徳とす。智恵の本源也」と鏡は正直、玉は慈悲、剣は智恵の本源だと述べている。

これらの解釈は神器そのものが有する意義ではなく、日本を統治する天皇が有する徳を表明しているが、江戸の国学者天野信景《さだかげ》（一六六三〜一七三三）は『塩尻拾遺《しおじりしゅうい》』で「凡そ三種の神器は、正しく皇孫に伝へ授けさせ給ふといへども、惣《すべて》には天下の人民万世に生れ生るる民にさづけさせたまふ神意にこそ」と、天皇だけではなく日本国民も三種の神器の神徳を授けられたとの解釈を示している。

『日本書紀』においては仲哀天皇八年（一九九）に五十迹手《いとで》が「天皇は八尺瓊《やさかに》の勾《まが》れるが如く、曲妙《たへなる》を以て御宇《みよしろしめ》せ。且つ白銅鏡《ますみのかがみ》の如く分明《あきらかなる》を以て山川《やまかわ》海原《うなばら》を看行《みそなは》せ。乃れ是の十握剣《とつかのつるぎ》を提《さ》げて、天下を平らげたまへ」と述べたように、八尺瓊勾玉は妙なる曲がりのある御世を表し、八咫鏡は山川海原を明るく照らし、天叢雲剣は天下を平定したことを示すとの解釈を示している。

五十迹手の言葉は三種の神器に道徳的意義を加えたものであり、『日本書紀』において三器の道徳的意義を明確に示したものはこの箇所のみとなる。

†兵学者による解釈

しかしながら三種の神器の意義を三つの意味に分けることは本当に正しいのであろうか。

前述したように天照大神が瓊瓊杵尊に神器を授けた際に、八咫鏡にだけ「私を視るようにしなさい」と述べておられる。

もし三種の神器の徳を三つに分けるならば、天照大神は「智」または「正直」の徳を持しただけの神ということになるのではなかろうか。

天照大神の武については、須佐之男命が伊邪那岐命によって追放された際、天照大神に会いたいと高天原に上がったところ、高天原を奪いにきたと思って武装して待ち受けた話がある。

その時の天照大神は、

「御髪をほどいてみずらに結い、左右のみずらにも、鬘《かずら》にも、左右の手にも、八尺の勾玉をたくさん長い緒に通して作った玉飾りを巻き付け、背には千本の矢が入る靫《ゆぎ》を負い、わき腹には五百本の矢が入る靫を付け、また威力ある高い音を立てる鞆《とも》を身に着け、弓を振り立て、堅い地面を腿《もも》がめり込むくらいに踏みしめ、沫雪《あわゆき》のように土を蹴り散らかして、荒々しく地面を踏み込み、威勢よく雄々しく勇猛に振る舞いながら須佐之男命を待ち受け『何のために上って来たのか』と問うた」

というお姿、いわゆる「丈夫《ますらお》の武《たけ》き備《そなえ》」を示されている。

太陽神として万物を照らすだけでなく、高天原を侵そうと企む者に対しては毅然たる姿で武威を示す。このお姿を「武」と言わずに何を指すというのであろうか。

すなわち三種の神器の徳とは三種がそれぞれの徳を有すると解釈するのは誤りであり、八咫鏡こそが三種の徳を一元に有したものだと解釈するのが適切であろう。

山鹿素行が、

「大神の伊勢州に鎮座したまふにも、亦た鏡剣これに従ふ。すなわち乾霊《あめのかみ》・大神の神慮は唯だ宝鏡のみ。その重きこと剣璽の類にあらず」（『中朝事実』）

と鏡が最も重要であることを喝破し、松宮観山が、

「謹惟。皇天伝国璽器。瓊徳者文也。剣気者武也」（『国学正義』）

と八尺瓊勾玉は「文」であり、天叢雲剣は「武」としたうえで、

「文武合徳而聡明如宝鏡。而猶視吾之教詔。千載下活発有生気焉」

と鏡の徳とは「文武合一」であるとの解釈を示した点は、儒者が儒教の徳（知仁勇）をそのまま三種の神器に当てはめようとしたのと異なり、兵学者による神道理解の一端を知ることができる。

ただ三種の神器はただ文武合一の徳の象徴とするよりも、三種の神器それぞれの徳がある中で、さらにそれを統合した意味で八咫鏡があると解釈する方が本来の意味に近いものになると兵学者は考えたのである。

†日本における神武不殺の真意とは

天沼矛の意義が万物を生み出し育む「修理固成」、八咫鏡には侵略者に対して毅然とした対抗措置を示す天照大神の「丈夫の武き備」が備わっているとすれば、天叢雲剣とは何を示すものだと解釈すべきであろうか。

陸軍士官学校教授を務めた佐藤堅司は「神剣の象徴する道は神武の道である」（『神武の道』）と述べている。

神武天皇は「神策」として「曾て刃に血ぬらずして、虜必ず自らに敗れなん」（第一章四九頁）と述べられたように、最後まで天叢雲剣の威力を発揮することはなかった。

天叢雲剣が実戦で使われたのは日本武尊《やまとたけるのみこと》が東国征伐に赴いた際、駿河の焼津（静岡の草薙とも言う）で敵に騙されて草むらの中で四方から火をかけられてしまった時である。窮地におちいった日本武尊は持っていた天叢雲剣で草をなぎ払い、火打ち石で逆に敵に向かって火を放った。

すると火は向きを変え、勢いよく敵に向かって燃え広がり、窮地を脱することができたという。天叢雲剣の別名を草薙剣《くさなぎのつるぎ》と呼ぶ所以の話であるが、これは空前絶後の事例であり、やむを得ざる抜刀であった。

神武天皇の「神武」とは『周易』の「古の聡明叡智、神武にして殺さざる者か」が出典とされるのが一般的である。

これは有能な人材を集め、徳治をおこない国の基礎をつくった周の文王は神の如き武勇を備えながら、あえて兵を動かさずに時を待ったということから、「武」の真髄は人を殺すことではなく、相手の動きにどう対応するかが求められるという意味である。

第一章で述べた中国の戦争観、不戦屈敵に近いものがあることがわかる。

『李衛公問対』では唐の太宗が「兵法はどれが最も優れているか」との質問に、李靖は「『孫子』に過ぎるものはありません。私はかつてその中に書かれていることを三つにわけ、兵を学ぶものに順をおって学ばせていました。それは道・天地・将法の三つです。道ほど素晴らしく、かつ微妙なものはありません。『易』にある『聡明叡智、神武にして殺さず』とあるのはこのことです」と答えている。

真勢中州は聡明叡智を神知、神武を神勇、不殺を神仁として、神知・神勇・神仁を兼ね備えたものを最上とした（『周易釈故』）。

中国ではこの三徳を兼備したものを最上の帝徳としたことを考えると、神武はその一端に過ぎなくなり中国には及ばないということになる。

だが神武天皇の〝神武〟とは中国式の神勇ではなく、神知・神勇・神仁の三徳を兼ね備

畝傍山東北陵（現、神武天皇陵）

えた以上の神武であることは付言しなければならない。

平田派の国学者中条信礼《なかじょうのぶのり》（一八一二〜？）は「神武」は「常語には〝シンブ〟と言うが、実は〝加牟《かむ》多計備《たけび》〟と言うのが正しい」としたうえで、「神武は借字である。周易に神武而不殺などという神武ではない」と中国式の意義ではないと強調したうえで〝加牟《かむ》〟とは神明、〝多計備《たけび》〟とは神明の建び給う（猛々しい様）ことであり、神武を学ぶには三種の神器から学ぶべきだと述べている（『和魂邇教』）。

さらに中条信礼は「神武」とは神武天皇の「神策」に示されたように、天照大神の御稜威《みいつ》（御威光）を後ろ盾とした行為こそが神武だとし、それは天皇だけでなく一般国民であっても彼らの尊敬する神々や天皇の御稜威を後ろ盾とした場合、そこに神武が備わるのだと説いている。

神武天皇の「神策」に「曽て刃に血ぬらずして、虜必ず自らに敗れなん」との御神詔があることから、つい『孫子』の不戦屈敵に結び付けた解釈をしてしまいそうになるが、それは神武天皇の「神武」の一端に過ぎないことを知るべきである。

神武天皇は言うまでもなく初代天皇にして瓊瓊杵尊の曽孫であり、四十五歳のとき船軍を率いて日向を出発し、大坂の難波に上陸して大和へ向かおうとするも、土地の豪族である長髄彦の妨害（東征）によって方向を転換。紀伊半島を迂回して熊野に上陸して長髄彦を倒し豪族たちを降伏させ、大和平定に成功した人物である（『日本書紀』では日向出発から六年目。『古事記』では十六年以上かかった）。

その後、橿原宮で天皇に即位し畝傍《うねび》山東北陵に葬られている。（現、神武天皇陵）。

†『万葉集』に学ぶ皇御軍の精神

『古事記』『日本書紀』に描かれた「天沼矛」「三種の神器」「丈夫の武き備」「神武不殺」は日本兵学の源流であり、取りも直さず日本兵学とは「日神（天照大神）の力を背負い戦う」ことに他ならない。ではそれに伴う国民感情はどのようなものであっただろうか。

マッテオ・モッテルリーニのベストセラー『世界は感情で動く』、『経済は感情で動く』（ともに紀伊國屋書店）ではないが、国防もまた国民感情を無視しては成立し得ないものである。国民感情は天皇と自分たち国民をどのように捉えていたのだろうか。

歌を「叫び」だというならば、現存する日本最古の歌集である『万葉集』（八世紀末成立）は、当時を生きた国民の「魂の叫び」に他ならない。では『万葉集』に収録された歌は、どのように国防について表現をしているのだろうか。

私たちは『万葉集』といえば大化の改新後に九州沿岸の守りについた「防人歌」を学校教育で習ってきた。

唐衣《からごろも》　裾に取りつき　泣く子らを　置きてそ来ぬや　母なしにして

と「唐衣にすがって泣きつく子どもたちを、防人に出るために置いてきてしまった。母もいないのに」という歌や、

天地の　いずれの神を　祈らばか　うつくし母に　また言問はむ

「どの神に祈ればよいのだろうか。愛おしい母に再会して話ができるようになるには」という歌などを思い出す人も多いのではないだろうか。授業ではこのような部分しか教えな

雄略天皇の泊瀬朝倉宮跡地にある万葉集発耀讃仰碑

いので、『万葉集』といえば反戦歌を連想する人も多くいる。

無論、『万葉集』には家族との別離を惜しむ歌は多く収録されているが、一方で、

今日よりは　かへりみなくて　大君の　醜《しこ》の御楯《みたて》と　出でたつわれは

と、「防人という大任を仰せつかった今日からは、我が身を顧みる事なく、天皇陛下の御楯として私は出陣致します」という歌や軍歌「海ゆかば」に代表される、

海ゆかば　みずく屍　山ゆかば　草むす屍　大君の　辺にこそ死なめ　かへりみはせじ

と、「海をゆくなら水に漬かる屍、山をゆくなら草の生える屍となっても、大君のそばで死のう。他のことは顧みない」という精神、さらには、

あられ降り　鹿島の神を祈りつつ　皇御軍《すめらいくさ》に　我は来にしを

「鹿島の神に武運長久を祈り、私は天皇の軍である防人にやって来たのだ」

大君の命　命恐み　妻別れ　悲しくはあれど　ますらをの心振り起し　取り装い……

「大君の仰せを謹んでお受けし、妻と別れて悲しくはあるが、武人としての精神を奮い起こして身支度をし……」

などいう歌も収録されており、天皇と国民はともにあったことがわかる。

学校では家族との別離を悲しんだ歌は教えても、天皇に対する忠義を歌ったものを教えない。無論、防人は家族との別離を悲しんだ。しかし、それとともに大君の楯となって散

ることも厭《いと》わなかった。この思い、感情は決して矛盾するものではないことは、大東亜戦争で散華していったご英霊の遺書を一読すればよく分かることである。

忠義と家族愛の間に悩む人間の心は、「忠臣蔵」が世界中で愛されていることからもわかる。亡き主君の無念を晴らすため、大義の為に家族を犠牲にしてでも自分の命を賭けて挑むという精神は、日本人が古くから美徳として大事にしてきたものでもある。

ご英霊の遺書が我々の心を打つのは、天皇のため、国のため、家族のため、アジア解放の為に命を捧げるという思いが遺書に溢れているからではないか。

その意味において『万葉集』にある家族への愛情あふれる歌を教えるのであれば、同じように天皇のため、大義のために身を棄てる心を歌った防人歌も同様に教えなければ、健全な学校教育になったとは言えないのではあるまいか。

†日本兵法史の誇る知将──吉備真備

日本の神代の歴史をひもとくことで、日本独自の武に関する考え方について述べてきたが、日本兵学が理論化されていくうえで、忘れてはならないのは吉備真備《きびのまきび》（六九五〜七七五）の存在である。

吉備真備は若き頃、遣唐留学生として唐へ渡り、阿倍仲麻呂《あべのなかまろ》とともに唐で大いに名声をあげた。平安時代の歴史書『扶桑略記』は「真備の学ぶところは三史・五経・刑名《けいめい》・算術・陰陽・天文・暦道・漏刻・漢音・書道・秘術・雑占の十三道に及び、そのすべてを極めた」という。帰国すると唐の貴重な学問や書物を日本へ持ち込み、天平勝宝《てんぴょうしょうほう》三年（七五一）には遣唐副使として再入唐した。再び帰国すると安禄山の乱や新羅が日本の国使との会見を拒否するなどし、日本は新羅征討を検討するなど国際情勢が緊迫してきたため、孝謙天皇の命により怡土城《いとじょう》を築城した。

怡土城は発掘調査から中国式山城の特徴を持ち、山の急斜面から平地部にかけて斜面を活かした高さ十メートル、南北二キロメートルにわたる土塁をたすき状に築き、城内を見通される構造を採る攻撃的性格の強い築城方式を採用したことが明らかになっている。

吉備町にある吉備真備像（千田昌寛氏撮影）

また天平宝字八年（七六四）には藤原仲麻呂《ふじわらのなかまろ》の乱を鎮圧するなど学問だけでなく、武勲も立てた。

その後、吉備真備は右大臣に就任す

るが、地方豪族でありながら大臣まで出世したのは吉備真備と菅原道真だけである。

宮田俊彦氏（茨城大学名誉教授）の『吉備真備』（吉川弘文館）によれば、吉備真備が栄進した背景に兵法・軍学があったと指摘しているが、日本で兵法書『孫子』や『六韜』『三略』を初めて伝えたのは、吉備真備だと言われている。

『六韜』『三略』については「まきび公園」（岡山県倉敷市真備町）に『吉備大臣伝来六韜三略虎之巻』の複製が展示されているが、『義経記』によると坂上田村麻呂はこの本を読んだお陰で奥州の悪路王（アテルイ）を倒し、平将門（?～九四〇）は分身の術を身につけたと言われていた（源義経は鬼一法眼《きいちほうげん》の娘を口説き、懸想《けそう》した娘が父の目を盗んで『六韜』『三略』を入手。義経がこれを読んで習得するという話が『義経記』に書かれている）。

『孫子』については『続日本紀』（天平宝字四年十一月十日）に吉備真備が朝廷から派遣された下級武士六名に諸葛亮の八陣の法、『孫子』の九地戦法さらに軍営のつくり方などの兵法を伝授したことが記録されているが、それ以前の国史には『孫子』の名前が出てこないことが根拠となっており、江戸時代の兵学者も吉備真備をもって兵法の創始者と考えていた。

ちなみに諸葛亮の八陣の法とは、『三国志』に出てくる天才軍師、諸葛亮孔明がつくったとされる陣法である。八陣の法は諸葛亮以外にも呉子や孫子など様々あるが、諸葛亮がつくった八陣は易の「八卦」（乾・坤・坎・離・震・巽・艮・兌）を改変した天・地・風・雲・龍・虎・鳥・蛇とし、天覆・地載・風揚・雲垂・龍飛・虎翼・鳥翔・蛇蟠の八つの陣形から成っている。

また孫子の九地戦法とは、『孫子』第十一に収録されている「九地篇」を指している。九地篇は前になる第十の「地形篇」が地の形を説いたのに対し、地の運用は九つあることを説いたものである。平たくいえば堅固な大坂城も守り手が不味ければ落城し、千早城ほどの小城でも楠木正成が采配《さいはい》をとれば落城しないように、愚者は地形を死物とするに対し、智者は地形を活き物とする。生命なき山や川などの地形に不思議な精神を吹き入れて活用するのが、九地篇の神髄となる。

軍営のつくり方についてはどのような内容を教えたかは不明だが、前述した怡土城の発掘調査では大陸の築城術にはない山の斜面の雨水で土塁が崩壊しないように、排水のため小石をつめた堀が土塁の内側に配置されるなど独自の工夫が見られることが明らかになっている。吉備真備はこのように単純に唐の兵法を日本に持ってきた訳ではなく、独自に改変したものを教えたものと推察される。

またその一年後、『続日本紀』（天平宝字五年十一月十七日）には吉備真備が「五行《ごぎょう》の陣法」を教えたことが記録されている。五行とは木・火・土・金・水のことであり、「五行の陣

法」とは『李衛公問対』にあるもので、唐の太宗より「五行の陣とは何か？」と問われた際、李靖は、

「元は五方の色（東・南・中央・西・北、青・赤・黄・白・黒）によって五つの陣形に配して五方陣といった名が生まれ、地形に応じて陣形に方・円・曲・直・鋭をつくることを指す。どんな軍でもこの五つに習熟しなかったら実戦には役立たない。兵法は詭道《きどう》である。兵法家は詭道と言われるのが嫌で、無理に五行と名づけ表面の体裁をつくろっただけである。実際は兵の形は水のように地形に応じた布陣をするだけである」

と答えている。この方・円・曲・直・鋭を用いた陣形の演習を、吉備真備が実施したのである。

このように歴史書に現れる吉備真備の兵法とは、八陣・九地・五行といった陣営に関するものが主であったことがわかる。

実際に吉備真備が兵を動かしたのは、藤原仲麻呂の乱の時である。仲麻呂の反乱は事前に密告によって露見し、一族を率いて平城京を抜け出して本拠がある近江国の国衙《こくが》（府庁）へと向かった。仲麻呂征討を孝謙上皇から命じられた吉備真備は、仲麻呂の進行ルートを先回りし、勢多橋を焼いて東山道への進路を塞いだ。仲麻呂はやむを得ず息子のいる越前国へとルート変更するが、官軍はさらに先回りして事態を知らない仲麻呂の息子を斬

り、近江と越前の国境にある関所を固め、仲麻呂軍を防いだ。仲麻呂は息子の死を知らず、海路より越前入りを図るが逆風に煽られ、やむなく陸路で関所を突破しようとするが撃退された。

仲麻呂は三尾《みお》（近江国高島郡）の古城に籠るが、陸海両面より攻められ陥落。一族郎党ともに斬殺された。

孝謙上皇に仲麻呂の謀反が伝えられたのは、天平宝字七年（七六三）九月十一日、鎮圧されたのは同月十八日であり、吉備真備はわずか一週間で反乱の鎮圧に成功したのであった。

吉備真備が日本の兵法の祖と言われる所以である。

†吉備真備以前の大陸式兵法の導入

吉備真備が日本兵学史に果たした功績は大きいが、『孫子』などは吉備真備が入唐する以前に、日本へ伝来していたことが佐藤堅司『孫子の思想史的研究』（原書房）により明らかになっている。

例えば『日本書紀』天地開闢章の「混沌如鶏子」を「まろかれたること、とりのこのごとし」と読ませている点である。この字句自体は、『淮南子《えなんじ》』（淮南《わいなん》王劉安〈前一七九～前一二二）が編纂させた論集）であるが、「まろかれたること」と読むのは、『孫子』兵勢篇の「渾渾沌沌形圓」から来ている。

また『日本書紀』継体天皇二十一年に、

「詔曰、良将之軍也。施恩推恵、恕己治人。攻如河決、戦如風発。重詔曰、大将民之司命、社稷存亡、於是乎在。勗哉。恭行天罰」（比較のため原文ママ）

とあるが、前半部分は『三略』の、

「軍識曰、良将之統軍也、恕己而治人。推恵施恩、士力日新、戦如風発、攻如河決」

後半部分は『孫子』作戦篇の、

「故知兵之将、民之司命、国家安危之主也」

の文言と一致する。

また大陸からの兵法の伝来は、『日本書紀』天智天皇十年（六七一）正月に、百済から日本に渡り、朝廷に仕えた職能人の叙位の記録があるが、そこに谷那《こくな》晋首《しんしゅ》・木素《もくす》貴子《くいし》・憶礼《おくらい》福留《ふくる》・答㶱春初《とうほんしゅんしょ》という四人の渡来人兵法家の名前がある。彼らは白村江《はくすきのえ》の戦いで日本が敗退し、百済が滅亡したため我が国に逃げてきた人々で、叙位の理由は「兵法に閑《なら》へり（兵法を習っていた）」と書かれている。

小和田哲男氏（静岡大学名誉教授）は『小和田哲男選集　二　豊臣秀吉　天下統一への戦略

黒田官兵衛』（歴史群像デジタルアーカイブス）において、「『日本書紀』の記述はそれだけなので、彼らもどのような兵法を使い、いかなる軍師だったかについて、実像を追うことはできない」と述べているが、天智天皇四年（六六五）に憶礼福留と四比福夫《しひふくぶ》は筑紫国に大野城・基肄城《きいじょう》を、答炑春初が長門国に朝鮮式山城を築城していることから彼らは築城技術を日本に伝来させたものと推察できる（答炑春初が築城した城は名前も場所も不明）。

大野城・基肄城はいずれも大宰府防衛のため建造されたものであり、朝鮮式山城の特徴である、いくつかの谷を取り込むように山の峰や斜面に石塁や土塁をめぐらして攻撃相手に城内を見せない構造をとっている。

大野城は発掘調査によって北石垣城門の門柱より軸受け金具が出土している。これは国内初の事例である。また基肄城についても同一の石垣面に四つの排水溝があることが発見され、両城とも独自の研究工法が駆使されていたことがわかる。

いずれにしてもこの時代の百済には、中国兵法はすでに伝わっていたことから、日本はこの四名を通じて、何らかの形で中国兵法を吸収していたことは想像するにやすい。

その後日本は大陸式の軍隊編成を実施し、天武天皇十二年（六八三）に諸国に陣法を習わせよとの詔を発したほか、持統天皇七年（六九三）には「陣法博士」が大陸からの侵略に備えるべく、諸国に指導のため派遣されたという。

この後、日本は大化の改新による律令制導入の流れと相まって、中国兵法の運用を積極的に吸収していくことになるが、吉備真備以前にどのように吸収されていたかは定かではなく、対外戦争も起きなかったため、やがて古代における本来の日本の陣法は忘れ去られることになっていく。

2 中世・戦国の兵法

✝平安時代——独自化されていく日本兵学

平安時代は兵学研究が盛んにおこなわれた時代でもあった。寛平三年（八九一）に成立し藤原佐世《すけよ》（?～八九八）が撰した『日本国見在書目録《にほんこくげんざいしょもくろく》』（『続群書類従』所収）がある。日本最古の漢籍目録である本書は、四十家に分類され千五百七十九部、一万六千七百九十巻を収録しているが、兵法書はそのうち二百四十六巻を占めていたことがわかる。ここに収録されている兵法書は、表の通りである。

本書の編纂は、貞観十七年（八七五）に冷然院が焼けて多くの書物を失ったことが動機になったとする説もあり、実際の蔵書数はこれよりも多かった可能性が極めて高い。

『司馬法』三巻（斉相司馬穰苴撰）	『軍令』五巻
『孫子兵法』二巻（呉将孫武撰）	『斉兵法』二巻
『孫子兵法書』一巻（巨詡撰） ＊筆者注――『三国志』の賈《か》詡《く》〔147-223〕のことか）	『簡日法』一巻 『練習令』一巻
『孫子兵法書』三巻（魏武解）	『兵書対敵権変逆順法式玉代殷法』一巻
『孫子兵法』一巻（魏祖略解）	『河上公兵法』一巻
『六陣兵法図』一巻	『帝王秘録』十巻
『八陣書』一巻	『金壇秘決』二巻
『陣法』一巻	『孝子秘決』一巻
『孫子兵法八陣図』二巻	『真人水鏡』十巻
『陣図』一巻	『軍勝』十巻
『続孫子兵法』二巻（魏武帝撰）	『黄帝太』一巻
『太公六韜』六巻（周文王師姜望撰）	『天目経』三巻（李淳風注）
『太公陰録符』一巻	『魏武帝兵書』十三巻
『黄在公』三巻	『兵書要』三巻
『略記』三巻（下邳神人撰。成氏撰）	『兵書接悪』三巻（魏武帝撰）
『黄帝用兵勝敵法』一巻	『瑞祥兵法』二巻
『黄帝陰符』一巻	『雲気兵法』一巻
『黄帝蚩尤兵法』一巻	『遁甲兵法』一巻
『兵林玉府』三巻	『投壺経』二巻
『兵林正府』一巻	『象戯経』二巻
『大公明金匱用兵要記』一巻	『投壺経』二巻（張東之撰）
『太公謀』三十六巻	『仗経』一巻
『甲法』一巻	『禅棊法』一巻
『武林』一巻（王略撰）	『樗蒲経』一巻
『梁武帝勅抄要用兵法』一巻	『王帳』一巻
『慮敗』一巻	『壺中秘兵法』一巻
『出軍禁忌法』一巻	『兵書論要』一巻（魏武帝撰）
『兵書要』八巻（魏徴撰）	『兵書要略』（同撰）
『六軍鏡』三巻	『染武帝兵法』二巻
『安国兵法』三巻	『金海』三十七巻（隋蕭吉撰）
『軍誡』三巻（李定遠撰）	

『日本国見在書目録』に収録されている兵法書

いずれにしても吉備真備から始まる遣唐使による中国兵法の導入が、百有余年をかけてこれほど蓄積されることになったのは特筆すべきであろう。遣唐使は舒明《じょめい》二年（六三〇）から寛平六年（八九四）まで続いたため、本書が成立した時期は遣唐使末期の時期と重なる。

遣唐使を菅原道真が廃止した理由は、「もはや唐に学ぶものは無くなった」ということであるが、この蔵書数を考えても十分な説得力を有したと考えられる。

『日本国見在書目録』が示すように、『孫子』は平安時代を通じて広く普及するようになっていく。延暦《えんりやく》八年（七八九）五月十二日、征東大使が蝦夷征討で遅滞したことを叱責された際、「夫れ兵は拙速を貴び、未だ巧遅なるを聞かず」とあるのは、『孫子』作戦篇に「故に兵は拙速を聞く、未だ功の久しきを覩《み》ざるなり」と、戦いは時間をかけるよりも、少々まずい作戦でもすばやく行動して勝利を得ることが大切である、とあるのを援用したものであることがわかる。

†大江家と兵法の伝承

平安時代を代表する日本兵法の大家といえば平安中期の文人、大江維時《おおえのこれとき》（八八八〜九六三）である。維時は学者として令名が高く、醍醐天皇、朱雀天皇、村上天皇と三代の侍読を務め、『新国史』の編纂のほか、村上天皇の命により『日観集』『千載佳句』を編纂したことでも知られる。

一説では維時は九三四年に唐へ渡って龍取将軍と知り合い、『六韜』『三略』および『軍勝図四十二条』（諸葛亮の八陣図）を日本へ持ち帰ったとされている。しかし兵法者が伝授を願い出ても「人の耳目《じもく》を惑わすもの」だとし、大江家にのみ伝え他家には秘したという（代わりに伝えたのが『訓閲集《きんえつしゆう》』百二十巻とも言われている）。

だが先述の『日本国見在書目録』にはすでに『六韜』の名前を見ることができ、大江維時が我が国に伝来させたというのは伝説に過ぎない。また維時が入唐したという話も遣唐使が廃止された後であり、『公卿補任《くぎようぶにん》』や『尊卑文脈《そんぴぶんみやく》』など確かな史料には記録されておらず、信憑性は極めて希薄だと言わざるを得ない。

この大江維時の子孫が、大江匡房《おおえのまさふさ》（一〇四一～一一一一）である。四歳で書を読み、八歳で『史記』、漢書に通じて神童と言われ、その才能は天下第一とまで称された。匡房もまた後三条天皇、白河天皇、堀河天皇の三代に信頼された学者であった。

『古今著聞集』（一二五四年成立）には匡房にまつわる有名な話がある。

前九年の合戦（永承六年〈一〇五一〉から康平五年〈一〇六二〉にかけて、陸奥《むつ》の豪族安倍頼時とその子貞任《さだとう》らが起こした反乱を、源頼義〈九八八〜一〇七五〉・義家〈一〇三九〜一一〇六〉を派遣して平定させた戦役）が終わり、帰朝した源義家が藤原頼道邸にて自らの戦争体験を語ったところ、匡房はそれを聞き、

「器量はかしこき武将なれども、猶《なお》軍の道をばしらぬ」

と独り言を言い放った。義家はそれを聞くと匡房に弟子入りし、兵学を学んだと言われている。

その成果が出たのが、後三年の合戦（永保三〈一〇八三〉〜寛治元年〈一〇八七〉に起きた合戦。前九年の合戦で奥羽へ力を拡大させた清原氏の内紛に、陸奥守として赴任した源義家が介入し、藤原清衡《きよひら》を助けて清原氏を滅ぼした）であった。

義家の部隊が金沢の城を攻めたところ、雁の群れが苅田に降りようとしたところ、驚いて飛び立つのが見えた。義家は、

「先年江帥《ごうのそつ》（筆者注――匡房のこと）の教へ給へる事あり。夫れ軍野に伏す時は飛雁つらをやぶる。此野にかならず敵ふしたるべし」

と言い、敵の伏兵が潜んでいることを看破して撃退した。このことは『孫子』行軍篇の「鳥起こるは伏なり」と照合できる。

この話は文章道《もんじょうどう》の大家として名高い大江家が、兵法にまで縁が深いことを示すとともに、

やがて諸流兵学の伝承者という伝説へと繫がっていく。

†中世史から見る日神の威

中世になると荘園などの誕生で朝廷の権威は失墜し始め、代わって公家や武士が台頭することになる。特に鎌倉時代は武士が力を有し、征夷大将軍と御家人の関係は、「御恩」と「奉公」の関係で成り立ち、武士の忠義とは主君への忠義であり、天皇への忠義は等閑《なおざり》にされることになる。

たしかに平安時代末期では、平重盛（一一三八〜一一七九）が父である平清盛（一一一八〜一一八一）の無道を諫めた際、

「君、君たらずと雖も臣、臣たらざるべからず。父、父たらずと雖も、子以て子たらずんばあるべからず」（『平家物語』）

と天皇への忠義を示してその苦悩を打ち明け、清盛を正気に戻したことはこれを裏付けられる（だが重盛の死後、清盛は後白河法皇を鳥羽殿に幽閉し、院政を停止させた。これにより清盛による独裁政治が始まり大衆が離反し、平家滅亡へと繫がっていくことになる）。

また鎌倉幕府を起こした源頼朝（一一四七〜一一九九）も、

「武士と云ふものは大方は世の固めにて、帝王を護りまいらする器なり」

と述べていることを考えると、武士が天皇を忘却したことは北条執権時代の産物だと言えるだろう。

山崎闇斎はこのことを嘆き、「我が邦異端あり。所謂武士道是れなり」と言っているが、その通りであると言えよう。

特にこの時代では平将門や足利尊氏のように、天皇に弓を引く武士が現われ始める。だが平将門（?～九四〇）が坂東八カ国の独立を宣言し関東一円で猛威を振るったにもかかわらず、八幡大菩薩の神託を得たとして、自ら「新皇《しんのう》」と号した途端、わずか二カ月足らずで戦死していることは特筆すべきであろう。

また足利尊氏（一三〇五～一三五八）も後醍醐天皇に反逆するが、尽く敗れて九州まで落ち延びた。その後、尊氏は逃げ延びた九州で軍備を整えるとともに、光明天皇擁立の工作をおこない、天皇から内示を受けることに成功する。その後は京都まで一気に駆け上がり北朝を成立させている。つまり「日神」が尊氏にないときは九州にまで敗走したが、光明天皇という「日神」の威を借りることで北朝は成立したという事実を重視すべきだと考える。

中世において重要なことは、単に朝廷の権威が低下したという話ではなく、単なる大義名分というもの以上に、天皇の御稜威《みいつ》というものが作用していたと考えるべきである。

†楠木正成が学んだ兵法書

鎌倉時代末期、南北朝初期を代表する英雄といえば、楠木正成であることに異論はないだろう。正成は河内金剛山の麓《ふもと》を拠点とし、後醍醐天皇が挙兵するとこれに加わり、赤坂城で幕府軍と戦い奮戦するも敗北。一時身を隠した後、天王寺、赤坂城、千早城などに幕府軍の大軍をひきつけ、数々の奇策を繰り出してこれを撃退することに成功。後醍醐天皇による討幕を成功に導いた。

この功績により多大な恩賞を授かり、名和長年、結城親光、千種忠顕とともに「三木一草《さんぼくいっそう》」のひとりと評された。

また足利尊氏が新政府に反旗を翻すとこれを撃退し、九州へと追い払うが、尊氏と手を結ぼうとする献策が受け入れられず、巻き返してきた尊氏軍との敗戦を見通しつつ兵庫の湊川で迎撃し戦死した。

正成の数々の奇策と忠誠心は後代に讃えられ、様々な伝説を生みだした。兵法書に関しては南北朝時代に入ると楠木正

楠木正成が幼い頃学問を修めたという観心寺

成が河内国の加賀田に住んでいた大江時親という兵学者から、幼いころに『孫子』を学び十三回もこれを読んだと伝えられており、『訓閲集』を与えられたともいう。

大江時親は大江匡房の七世孫であり、兵法に精通し学徳が高い人物であったという。正成は観心寺から大江時親邸までの八キロの道のりを毎日歩き、兵法を修めたと伝えられている（この時に通ったという橋は、現在も「楠公通学橋」と呼ばれている）。

だが現在では兵法といえば『孫子』と言われる程になっているが、『孫子』が重視されるのは後述するように慶長以後であり、それまで兵学者たちに重視されていたのは『孫子』ではなく、『三略』であった。このことを考えると先の楠木正成が『孫子』を読んだという話も南北朝時代の話には見られないことから、江戸時代にできた創作だと思われる。

また中国の正史である『明史』には、明の太祖である朱元璋《しゆげんしよう》（一三二八〜一三九八）が皇帝に即位した翌年、懐良親王《かねながしんのう》（〜一三八三）へと使者を派遣した記録がある。その手紙は「貴国は当然、天子に謁見するのだから来朝しなさい。もし来朝しないなら軍事力を高めて守りを固めるべきである。もし我が国土を荒らしまわるのならば（筆者注——朱元璋は懐良親王を倭寇の頭目と考えていた）、直ちに将軍に命じて征伐するだけのことだ。王よ、よく考えられよ」という高圧的な内容であったため、

「小邦（日本）亦た禦敵《ぎよてき》の図有り。文を論ずるに孔孟道徳の文章有り。武を論じるに孫呉

韜略の兵法有り」

と答え、攻めてくるなら迎え撃つという姿勢を示したという。孫呉韜略とは『孫子』『呉子』『六韜』『三略』のことであり、懐良親王は兵学に熟知していたことがうかがえる。

朱元璋はこの手紙を読んで怒り狂うが、元寇の二の舞となることを恐れ、日本を武力侵略することはなかった。

小田原駅前にある北条早雲像

†武田信玄と『孫子』

巷間、戦国大名が用いた戦法は兵法書の某々と同じだという本が多く出版されているが、当時の史料をどのように調べても、これらは後付けであり、具体的に戦国大名が兵法書を活用したという事例は見当たらない。

兵法書を学んだという記録もかなり限定されたものになるが、名儒として知られる清原枝賢《えだかた》（一五二〇～一五九〇）が祖父宣賢《のぶかた》の供で越前朝倉家を訪れた際、朝倉孝景（一四九三～一五四八）から小姓八人に『論語』や『六韜』『三略』を教えるよう求められ読み聞かせたという記録や、後北条氏《ごほうじょうし》の祖となり小田原を本拠として南関東制覇の基礎を築いた、北条早雲（一四三二～一五一九）が、

「夫れ主将の法、務めて英雄の心を攬り、有功を賞禄し、志を衆に通ず」

という『三略』の冒頭部分だけを聞き、主将として必要なのはこの心がけだけだと述べて、それ以上を語らせなかったという話等がある程度に過ぎない。

『孫子』に関する話であれば快川紹喜《かいせんじょうき》和尚（一五〇二～一五八二）の手になる、武田信玄（一五二一～一五七三）の旗印「風林火山」が有名である。「風林火山」の旗印は、「疾如風、徐如林、侵掠如火、不動如山」と描かれ、『孫子』軍争篇の、

「故に其の疾きこと風の如く、其の徐《しず》かなること林の如く、侵掠《しんりゃく》すること火の如く、知りがたきこと陰の如く、動かざること山の如く、動くこと雷霆《らいてい》の如し」

からの援用であることは明らかである。

だがこの旗印の影響で武田信玄＝『孫子』というイメージを持つ人が多いが、これはいささか割り引いて考える必要がある。

『甲陽軍鑑』品第二には「武田信繁家訓九十九箇条」が収録されている。この中には『呉

子』『三略』『孫子』『司馬法』などの兵法書が引用されているが、その回数は『三略』が十一回使われているのに対し、『孫子』は二回のみであり特段『孫子』を重視したようには思えない。

また『甲陽軍鑑』では武田信玄が軍師である山本勘介（一四九三〜一五六一）に、

「からより日本ゑ渡りたる軍書を、見聞たるばかりにてハ（中略）能軍法を定る事、成りがたくおぼへたり」

と述べており、さらに山本勘介も武田信玄に対して、

「唐の軍法（中略）是よき、と申ても、日本にてハ各々《おのおの》合点参らず」

と答えている。

これを見ても、武田信玄即ち『孫子』という一般的な図式を適用することは難しいと思われる。また武田信玄が釜無川、笛吹川などに構築した堤防「信玄堤」の建設には谷川健一編『加藤清正――築城と治水』（冨山房）が「大自然の水の巨大な営

豊川市の長谷寺にある山本勘介の墓

力に逆らわずに治めるという治水の根本哲学のところは孫子の兵法から学んだものと考えられる」と述べるように『孫子』の思想を用いたという俗説がある。だが安芸皎一「信玄堤」（『近世科学思想　上』日本思想大系62所収　岩波書店）が「信玄堤建設の新しい技術は（中略）儒教思想を根底として発展したものといえる」と述べているほか、小山田了三は「技術史的に見た甲州流川除と孫子の理」（『武田氏研究』第二号、武田氏研究会）において「常識的に考えて、兵書がそのまま治水の術、川除の法として用いられたとは考えられない。にもかかわらず、この様な伝えが生まれたのは、この書（『孫子』）の古典として重んぜられた理由、すなわち広く人間世界への示唆を与えるその内容にあるのであろう」と述べ、信玄が『孫子』を信玄堤建設に応用したという説を完全否定している。

実際、信玄が『孫子』を信玄堤建設に用いたという史料は何もなく、民間伝承でしか証明できるものはない。

余談ではあるが『孫子』が非軍事分野で活用され始めるのは、拙著『日本陸軍に学ぶ「部下を本気にさせる」マネジメント』（扶桑社新書）で述べたように江戸初期に始まる。

これらのことから武田信玄が非軍事分野に『孫子』を応用する可能性は全くないと言って良いだろう。

むしろ私たちが重視すべきは、信玄が「風林火山」に見られるように中国兵書の重要性を認めながら、一方で日本の現状と照合させつつこれを吸収したという事実である。信玄の名将たる所以は『孫子』にあるのではなく、他国の文化に盲従せず取捨選択して吸収していくその姿勢にこそあるのではなかろうか。

†足利学校と軍配兵法

戦国時代を語るうえで忘れてはならないのは、足利学校の存在である。

足利学校とは下野国足利（現在の栃木県足利市）にあった学校であり、江戸時代には徳川家の保護を得たものの、明治維新以後は校務を廃し、明治三十六年（一九〇三）に学校跡に足利学校遺跡図書館が開設され、現在に至っている。

足利学校の創建は諸説あり、古くは奈良時代の国学の遺制説、平安時代の小野篁《たかむら》説、鎌倉時代の足利義兼説などがあるが、記録としての足利学校は上杉憲実《のりざね》（一四一〇?〜一四六六）が永享十一年（一四三九）に初代庠主《しょうしゅ》（校長）として、鎌倉円覚寺の僧で易学の権威であった快元を迎えて中興したことに発する。

足利学校の管理は禅僧がおこない、授業は易学を中心に漢籍が講義された。

天文年間（一五三二〜一五五五）には「学徒三千」とも称され、イエズス会宣教師フランシスコ・ザビエルは「日本国中最も大にして最も有名な坂東《ばんどう》の大学」と称賛している。

足利学校は戦国時代においては「軍師養成学校」としての機能を有するようになる。

この当時の兵学思想には仏教・道教・修験道、俗信仰などを混入した「軍配兵法」といわれるものが主流となってくる。

中国の世界観は古代より陰陽五行説から成っていた。陰陽説とは宇宙の現象事物を陰と陽の二元論の働きによって説明し、五行説とは万物を木・火・土・金・水の五つに分けたものであり、これらの関係によって宇宙は変化するという思想である。

日本では陰陽道として発展し、陰陽五行を用いて日時、方角、政治、人事に至るまで運勢を占った。

陰陽道は『日本書紀』推古天皇十年（六〇二）に、百済の僧観勒《かんろく》が入朝した際、天文地理書および遁甲《とんこう》方術の書を献上したことから、学生に学ばせたことが始まりであるとされている。遁甲とは人目から身を隠す妖術とされ、方術は不老不死の術や医術・易占など、方士のおこなう術である。

天武天皇は即位すると「陰陽寮」を設置し、陰陽道に関する思想や技術を司る人材を国家管理とし、それ以外の人物が学ぶことを禁止した。

天武天皇が陰陽道を重視した理由は、神秘的な権威づけと権力維持に役立ったからだと言われている。

平安時代に入ると一層の権威を有し、吉備真備の子孫とされる賀茂氏や安倍氏などは、陰陽師の職を世襲し、人々の生活も左右することになる。

陰陽道が兵法にいつから応用されたのかは不明だが、勝たなければ死を招く戦争において神秘的な思想を用いることで勝利を得ようと考えることは必然であったと言えよう。また迷信が強く信じられた当時、これらの占術は兵士を鼓舞する方法としても有効であったと思われる。

源頼朝は治承四年（一一八〇）八月に伊豆で挙兵しようとした際、その日時を卜筮《ぼくぜい》で占ったことが『吾妻鑑《あずまかがみ》』に書かれている。

また頼朝が同年十月に佐竹秀義（一一五一〜一二二五）を攻める際には、二十七日は陰陽道では「衰日」とされ忌避すべき日であるが、あえてその日を好機とし討伐の日とするよう述べたという。

戦国時代に入ると神秘的な力を利用しようとする考え方は広く普及し、軍配術は戦に不可欠なものとなっていった。易学を中心に講義が進められた足利学校が、軍師養成機関となっていったのは当然だと言えるだろう。

徳川家康は足利学校第九代庠主、三要元佶《さんようげんきつ》（一五四八〜一六一二）を関ヶ原の戦いに従軍させ、占筮《せんぜい》をさせ大吉を得たと言われている。

この足利学校は『甲陽軍鑑』品第八において、長坂長閑《ながさかちょうかん》（？～一五八二）が夢想国師直伝の易占を夢で伝授されたという徳厳という人物を武田信玄に紹介した際、信玄は「占いは足利学校で伝授されたものか」と尋ね、それを否定した長閑に「信用できない」として不採用にする件が書かれている。

これは足利学校出身ということが当時、ブランドとして考えられていた証拠であり、戦国時代に入ってからは時代の要請か兵学の講義を開始している。

筆者の調査によると、足利学校に初めて兵法書が入ったのは、七代庠主、九華（一五〇〇～一五七八）の時代である。この時代に九華自身の手になる「武経七書」があるほか、『施氏七書講義』（天正四年〈一五七六〉）の二冊が足利学校に寄進されている。

また八代庠主、宗銀の時代には『黄石公三略』（天正十一年〈一五八三〉）、九代庠主、三要の時代には『六韜』『三略』（ともに慶長五年〈一六〇〇〉）がある。

小山田哲男氏は『軍師・参謀』（中公新書）において、この寄進された『六韜』『三略』について触れ、「室町・戦国期の足利学校には存在しなかったことが確実」と述べているが、前述した如く、戦国時代には『三略』や「武経七書」が足利学校に入っており、小和田氏の指摘は誤りであろう。

いずれにしても戦国時代では初代庠主、快元以来の易学と兵学が混在し、軍配兵法が幅を効かせることになっていくのである。

第三章

江戸時代の兵学思想

JR播州赤穂駅前にある大石内蔵助像

1　甲州流兵学──最も普及した兵法

†元和偃武と林羅山

戦国時代が終焉を迎え、江戸時代になると天下太平の世を迎えることになった。

徳川家康は馬上にて天下を取っても、馬上にて天下を治めることはできないと考え、「人倫の道明らかならざるより、自ら世も乱れ国も治らずして騒乱止む時なし。是れ道理を悟り知らんとならば、書籍より外になし。書籍を刊行して世に伝へんは、仁政の第一なり」(『名将言行録』)と、文教政策をとって治世をおこなうことになる。

この成果はいわゆる「慶長版」(徳川家康の命で慶長年間〈一五九六〜一六一五〉に活字で出版された書物の総称)と評されるが、兵学書についても、『六韜』『三略』(慶長四年〈一五九九〉)を皮切りに、慶長十一年(一六〇六)には「武経七書」を刊行している。これらの出版が、江戸時代における兵学ブームを創出する起因となっていく。

平和の時代となったことで兵学は学問的体系を整え、江戸時代には多くの諸流兵法が生まれることになる。津山藩の甲州流兵学師役であった正木輝雄（?〜一八二四）の『兵学系図』（文化五年〈一八〇八〉成立）によると、当時、軍学の流派は約六十派に分かれていたという。石岡久雄『日本兵法史』は「同系統においても分派や異名を挙げるならば、一人一流というべきものがあり、その数はおそらく百流派にも達したであろう」と指摘している。

紙数の関係上、全ての流派を紹介することは不可能であるものの、本章では江戸時代を代表する主だった流派をいくつか紹介していくつもりだが、始めるに際して紹介しておかなければならないのが家康のブレーンとして名高い、林羅山の存在である。

林羅山は建仁寺で禅学を学んだが、朱子学に自己の立場を見出し、慶長十年（一六〇五）以来、徳川家康につかえ、以後は徳川四代にわたり将軍の侍講をつとめた。

方広寺鐘銘事件において、南禅寺の文英清韓《ぶんえいせいかん》（?〜一六二一）が撰した鐘に刻まれた「国家安康」「豊臣君楽」の文言は、家康の名前を二つに割るもので呪詛の意図があると指摘し、大坂の陣の端緒を開いたことでも有名である。

江戸時代の兵学研究は、林羅山より始まると言っても過言ではないが、江戸時代以前の兵学研究を一変させる事態が起きたのは、羅山が『六韜』『三略』よりも『孫子』を重視した点であろう。

林羅山の著に『和漢軍談』がある。この本は『孫子』『呉子』『司馬法』『尉繚子』『六韜』の五冊の兵書を原則とし、和漢の戦史事例を照合させるものであるが、全八十七条の内、『孫子』は四十九条、『呉子』九条、『司馬法』五条、『尉繚子』六条、『三略』十条、『六韜』八条となっており、『孫子』の事例が突出して多い（大久保順子「『和漢軍譚』と『和漢軍談』」『文藝と思想』福岡大学文学部紀要、二〇〇六年二月）。

方広寺の鐘に刻まれた「国家安康」「豊臣君楽」の文言

佐藤堅司は『孫子の思想史的研究』のなかで「林家の『孫子』研究は、家康の要望にこたへたものである」と述べている。

徳川家での林羅山の講義は、慶長十二年（一六〇七）四月十七日、徳川秀忠に『六韜』『黄石公三略』『漢書』を進講したのが最初であるが、その翌年に駿府で家康に『論語』『三略』を講じている。

その後も大坂冬の陣の最中、慶長十九年（一六一四）十一月七日には家康に『孫子』を進講しているように、儒者であった羅山に求められたのは当初は儒学ではなく、兵学であった。

林羅山はこれ以降も元和六年（一六二〇）、明の劉寅《りゅういん》の『武経七書直解』を入手して句点をつけ、寛永三年（一六二六）には、徳川家光（一六〇四〜一六五一）の命により『孫子諺解』、『三略諺解』を執筆して献上。また寛永二十年（一六四三）から正保二年（一六四五）の間、松平忠次（一六〇七〜一六六五）に『施氏七書講義』を講義した。慶安二年（一六四九）には小田原藩主稲葉正則（一六二三〜一六九六）のために残りの五書の諺解を著し、「七書諺解」を明らかにするなど、兵書講義に余念がなかった。

いずれにしても江戸時代の儒学の大家であった林羅山が兵学を講じたことは、弟子である山鹿素行を始め、日本のその後の儒学者たちに大きな影響を与えることになっていくのである。

†甲州流兵学の流祖、小幡景憲

甲州流兵法は江戸時代を通じて最も普及した流派である。

流祖は小幡景憲であり、武田信玄の兵法戦略を基礎として打ち立てられた兵学である。甲州流兵学の基本兵書は、景憲自らが収集した『甲陽軍鑑』である。『甲陽軍鑑』については東京帝国大学教授田中義成が「甲陽軍鑑考」（『史学会雑誌』）において、小幡景憲が春日虎綱（高坂昌信）の名前を借りて偽作したとする説が近年まで有力だったが、田中の指摘の誤りなどが指摘され、『甲陽軍鑑』は史料的価値が低いとの認識はされなくなってきている。

小幡景憲は祖父・父親ともに武田二十四将に数えられた武田家の遺臣の末裔であった。祖父である小幡虎盛（?～一五六一）は武田信虎・信玄と二代に仕え、出陣回数三十六回、傷は四十一カ所あり「鬼虎」と称された歴戦の勇士であったが、川中島の戦いの前に病死した。

父親の小幡昌盛（一五三四～一五八二）は武田信玄・勝頼の二代に旗本足軽大将衆として仕え、川中島や三方ヶ原、長篠の戦いなどに参戦。武田家が滅亡する五日前に病死した。徳川家康は三方ヶ原の戦いで武田信玄に完膚なきまで敗北しているが、信玄に畏敬の念を抱き、武田家が滅亡すると遺臣を積極的に自分の家臣に加えていった。『名将言行録』によると、家康は、

「勝頼は信玄の子に生れ給ひけれども、信玄の為めには敵が子と生れ給ひしなり。我は他人なれども、信玄の軍法を信じて、我家の法とすれば、我は信玄の子同前なり。各我を信玄の子と思ひ奉公すべし。我も又各を大切にして、召使ふべきなり」

と述べたという。家康に仕えた武田家遺臣としては、石見銀山・佐渡金山・伊豆金山・土肥金山などを開発した大久保長安《ながやす》（一五四五～一六一三）等が有名だが、小幡景憲も十一歳

の時に家康に仕え、徳川秀忠の小姓になっている。

文禄四年（一五九五）に致仕して諸国を行脚して兵学修業をしつつ、信玄の遺跡や遺臣を訪ねて武田家の兵法や山本勘介の陣取りや軍配兵法を学んだという。

関ヶ原の合戦が始まると徳川四天王の一人井伊直政（一五六一～一六〇二）の麾下として軍功を立て、大坂冬の陣が始まると加賀藩三代藩主前田利常（一五九三～一六五八）の陣に加わり、真田丸攻めで功績を挙げた。

大坂夏の陣になるとスパイとして内情を偵察すべく、大野治長《はるなが》（?～一六一五）の招きに応じて大坂城に入り、陥落寸前に脱出して徳川方に通報した。

厚木市の蓮生寺にある小幡景憲の墓

大坂の役が終わると功績から順調に出世を重ね、千五百石を領した。
以後の人生は自ら学んだ兵学を「甲州流兵学」と名づけ、その普及に尽力した。その門下は二千余人と言われ、多くの逸材を輩出するが門下からは北条氏長や山鹿素行など新たに独自の兵法を唱える兵法家たちを輩出した。

甲州流兵法の奥義は騎馬戦ではなかった

甲州流兵法が武田信玄の兵法戦略をベースにしていると考えるなら、その奥義は騎馬戦術の妙技であると思われる方が多いと思うが、甲州流兵法について最も重要とされたのは、築城法であった。

無論、決して軍法を軽んじた訳ではなく軍が上下一体に心を合わすこと、また大将は武略・智略・計策の三法を駆使して勝利を収めるものと説いているが、その極意について景憲から将来を嘱望されていた杉山公憲（一六四三〜一七一七）は「軍法の極意は王道なりと小幡氏の口伝也」と証言している。ただ武田家の兵法を基本とする以上、築城法を避けては通れない理由があったのである。

武田信玄は「人は城　人は石垣　人は堀　情けは味方　仇は敵なり」と詠んだと伝えられ、主城の躑躅ヶ崎館《つつじがさきやかた》は堀一重の狭く簡素なものだったと知られており、詰城として背後には要害山城《ようがいやまじょう》があるものの城としての備えをしていなかった。

『甲州軍鑑』は信玄の功績として、他国の大将を頼んで戦いを挑んだこと、城の攻囲を解いたこと、味方の城を敵に取られたこと、甲州の中に城郭を構えたことは一度もなく、屋敷構えのみで防御に成功したと伝えている。

だがそれは信玄だからできることで、武田勝頼は織田・徳川軍の攻撃により躑躅ヶ崎館を棄てて新府《しんぷ》城を築城するにいたった。

だからこそ景憲は甲州流兵法で重視すべき点として築城法を掲げたのであった。

実際、信玄は武田流築城術と称される特徴ある築城法を見せている。

その現存する具体例が牧之島城や大島城などである。信玄の築城法の特徴に、「丸馬出」がある。「丸馬出」とは外側に三日月形の空堀を掘って正面からの敵の攻撃を防ぐもので、この半円の場内側に出撃用の虎口《こぐち》が二カ所設けられるため、敵は左右に分散されることになる。このため守り手からすれば、迎撃する敵が少なくなり、敵が虎口を破って侵入してきた場合は、もう一つの虎口から城外に出て敵を背面から攻撃することができる、防御力が高く反撃に優れた造りである。

この築城法は先の新府城にも用いられ、また真田幸村が築城した真田丸にも取り入れられたと伝えられている。

そのため甲州流兵学として奥義とされたのは築城に関する「五曲尺《ごのかねじやく》」であり、原則として「故に一城は三回輪して、天人地の三段の縄あり」に従うべきだという。つまり城郭を構築するには土地の広狭などは考慮すべきだが、本丸・二の丸・三の丸という三重の複廓を採用すべきであり、三段の同心円（天地人）に象るべきだと言うのだ。

　では「五曲尺」とは何か。それは「本有曲尺」「縢複曲尺《ちきりおさのかねじゃく》」「重曲尺」「卍字曲尺」「人心曲尺」の五つの曲尺を指す。

「本有曲尺」とは万事天地の理に従い、無理を避け自然に従い行動すること。

「縢複曲尺」とは縢が紡績機の経糸を巻く小糸を示し、糸の形態が中くびになっていることから城郭の塁や城壁にソリを与えること示す。

「重曲尺」とは、防備の強化のため防御線を二重、三重と重ねることである。

「卍字曲尺」とは卍が変転の象徴であることから、変幻自在で物事に固執しないこと。

　最後の「人心曲尺」とは、正道正理で慈悲の心をもって部下を統率することが「王道」であり、武田信玄の統率の極意であったとするもので、これを最も強調していることに甲州流兵学の特色があったのである。

軍配兵法の集大成「大星伝」

　甲州流兵法にも戦国時代の流れを汲む軍配兵法は含まれている。景憲は上泉流の兵法を学び、近江彦根藩主井伊直孝の軍師であった岡本宣就《のぶなり》（一五七五～一六五七）に軍配兵法を習っている。だが景憲にとって軍配とは軍法の補助であり主ではなかった。ここに甲州流兵法の考え方がある。

『甲陽軍鑑』によると武田信玄は三つの軍配を使用していた。

一つめは山本勘介の伝えた周文王団扇《うちわ》日取というものであり、軍配団扇というものに三十の点が打ってあり、それが吉（白星）と凶（赤星）と、半凶半吉というようにわけてあり、明日の吉凶を占いそれに従って行動するものである。現在、相撲で行司が用いる団扇を軍配というが、あれはこの軍配団扇の名残である。

二つめは周の文王日記というもので、吉凶を表にしたものである。三つ目は八方掛りというもので、方角から吉凶を判断するものであった。

景憲は『甲陽軍鑑抜書前集』第七章で「六カ条」として「一に軍法は、軍師の骨体なりと心得るべし」に続き、「二に軍配の○大星、○北辰斗柄は軍の昼夜用る妙薬の如く、諸人の勝利助の故なり」として、大星、北辰などの天文を味方につけ勝利の補助としようと考えていた。

有馬成甫海軍少将「日本兵学の本質と大星伝」によると、山本勘介が最初に「大星伝」を用いたのは天文十五年（一五四六）の戸石合戦の時だと言う（『甲陽軍鑑』の記載に従っているが、実際は天文十九年の「戸石崩れ」の戦いを指す）。

村上義清軍が立てこもる戸石城を攻撃すべく武田軍は千曲川に進出したものの、村上軍

春日虎綱の居城であった海津城（現、松代城）

の攻撃を受けて全軍崩壊寸前となる。この時、山本勘介は五十騎の予備隊を率いて南の村上軍の側背に回り込んだ。南は太陽がある方向であり、太陽を背にして戦うことで勘介からすれば村上軍の動きがよく見える。一方、村上軍は日に向かうため、勘介の予備隊の状況がつかめない。そこで村上軍が主力を南に向けた機に乗じて武田軍は反撃に転じ、勝利したというのである。この時の勘介の戦いぶりは「破軍建返し」と呼ばれ、軍神である摩利支天《まりしてん》のようだと武田家中で讃えられたという。

昼間は太陽に向かって戦ってはならないとする大星伝であるが、夜間の場合はどうなのか。夜間での戦いは「破軍星」といい北辰斗柄（北斗七星の柄杓の部分）に向かって戦ってはならないとしており、昼は太陽に夜は破軍星に向かって戦うことを禁じている。

これが後に発展し、日神を背にして戦えば必ず勝つとする「大星伝」として展開されていくことになる。

実際、甲州流兵法の伝書『軍配相伝之妙』には春日虎綱の最後の軍配は「大日如来勝星」というもので、

「此大星の事也。大星は当流の大秘事なるゆへ書に不著也。口伝を以て伝授する也。悉《ことごとく》皆残の軍配は大星に帰する也。不可不秘」

と述べている。甲州流兵法における軍配兵法は「大星伝」に集約されていくことになるが、景憲は真に優れた者にしか「大星伝」の存在を伝えなかった。

✝甲州流兵学と新撰組

最後に甲州流兵学が幕末維新に与えた影響を見ていきたい。

甲州流兵学は先述したように小幡景憲によって創始されたが、江戸時代を通じてその派生を含め、最も広く普及した兵学であった。

幕末期においても新撰組では甲州流兵学（一説では長沼流も兼修したともいう）を修めた軍学者、武田《たけだ》観柳斎《かんりゅうさい》（?～一八六七。本名は福田廣。甲州流兵学が武田信玄を祖とすることから自ら武田を称した）を重用し、甲州流兵学に基づいた調練を新撰組におこなっている（後に新撰組が

壬生寺にある新撰組隊長近藤勇の像

西洋式調練を採用したことから影響力を失い暗殺された）。

新撰組といえば清河八郎が幕府の浪人隊を尊皇攘夷に使おうとしたことに反発してつくられたことや、天狗党とも交流があり尊皇思想を持っていた芹沢鴨《せりざわかも》を暗殺するなどしているため佐幕のイメージが強いが、組長の近藤勇は楠木正成を尊敬しており、文久三年（一八六三）には、

「事あらばわれも　都の村人なりて　やすめみ皇御心」

と歌っている。近藤が尊皇の精神を持っていたことは、上司である松平容保自身が尊皇攘夷の思想を持っており、同じく尊皇攘夷の志士であった伊東甲子太郎《かしたろう》（一八三五～一八六七）を新撰組参謀にしたもの、その尊皇思想に共鳴したからに他ならない。

鬼の副長と言われた土方歳三でさえ、文久三年に小島鹿之助に宛てた書簡には、

「今上皇帝　朝夕に民安かれと祈る身の　心にかかる沖津白波《おきつしらなみ》」

と孝明天皇の御製を書いている。実際の御製は沖津白波ではなく、「異くにのふね」であ

るが、京都界隈には「沖津白波」として流布していたのであろうか。

また元治元年（一八六四）に佐藤彦五郎、土方為二郎に送った書簡には、朝廷から直接手渡された直筆の感謝状に喜び、もう一通複写をつくって欲しいと要請している土方が尊皇思想を有しながらも最後まで新政府軍に降らなかったのは、朝廷に降るのを拒否したのではなく、薩長土に降ることを潔しとしなかったためのように思える。

いずれにしても、甲州流兵法と幕末維新の関係は今少し深掘りする必要があるだろう。

2　北条流兵学——和魂洋才の兵法

†北条流兵法と北条氏長

北条流兵学の祖である北条氏長は、六歳で徳川家康に謁見。十三歳で小幡景憲門下に入ると、たちまち頭角を現して門下の筆頭となった。徳川家光（一六〇四〜一六五一）は氏長の名声を伝え聞くと自らの兵学師範として抜擢するとともに、御徒頭《おかちがしら》へと昇進させた。また景憲に命じて甲州流兵法の全てを氏長に伝授させたのであった。

山鹿素行が景憲、氏長の門下に入り兵学を学び始めたのは、寛永十三年（一六三六）であった。その時は景憲は高齢であったため、実際に素行を指導したのは氏長であった。素行は寛永十九年（一六四二）、景憲より印可を貰うことになるが、その印可状は氏長の代筆によるものである。素行は後年山鹿流兵学を創始するが、これは氏長の指導の賜物であった。また氏長は宮本武蔵との交流が伝えられている。『続肥後先哲偉蹟』には、

「又日隈某は、北条家の御門人にて、古安房守殿自筆の五輪書を、所持致候に付き、其由来を相尋候へば、古安房守殿と武蔵は、双方よりの師弟にて、所謂大の兵法は安房守より武蔵へ伝授に相成り、小の兵法は武蔵より安房守殿へ、相伝へ申したる由にて、武蔵も追々出府致候て、都下へも久敷逗留致候なり」

とあるように、大の兵法（軍学）は氏長から武蔵に、小の兵法（剣術）は武蔵から氏長へとそれぞれ伝えられたというのである。

さらに慶安三年（一六五〇）には牟礼野《むれの》（現、井の頭公園付近）におけるオランダ人砲手ユリアンの火砲射撃の実況を見学する機会を得たことで、オランダ兵法を習得することに成功する。このことで北条流は実学として大きな進歩を遂げることになる。

氏長はその後も出世を続け、承応二年（一六五三）には従《じゅ》五位下安房守となり、明暦元年（一六五五）には大目付に昇進。五千石を領するまでになった。

甲州流兵学の奥義は築城であったが、氏長の功績として「地図」の作成が挙げられる。

明暦の大火、別名を振袖火事とも言われるこの火事によって、焼死者約十万人、江戸城天守も焼失するなど江戸初期の町並は失われた。

大目付であった氏長は江戸を復興させるため実測図の作成と区画整理の責任者となり、洋式測量術を駆使し、半月ほどでその後の江戸の地図の基本となる『明暦江戸実測図』が作成された。これは兵学者が単に兵学を講ずる者としてだけでなく、天文・地理・測量・土木などに通じた技術者集団としての側面を有していたことを示していると言えよう。

✝北条流兵学の奥義「三箇の大事」

北条流兵学は甲州流兵学を基盤としつつ、神道の精神性とオランダ兵学の科学技術を取り入れた和魂洋才の兵学であった。氏長自身も、

「異端の如き防之ときは彼に使はる、容て取捨するときは我が用をなす」

と、西洋兵学でも優れているものは採用するべきだと鎖国時代において述べている点は注目に値する。戦争という命を賭した学問を学ぶ以上、優れているならば国の如何を問わず吸収すべきとする実学の側面を強く感じることができる。さらに北条流兵学は、

「兵法は国家護持の作法、天下の大道也」（『士鑑用法』）

と単なる戦いの術ではなく、真実の兵法とは天下の大道であると言う。つまり士農工商に

いたる四民ともに兵法を学ぶべきだと述べるのだ。

では氏長が説く北条流兵法の要点は何になるのか。それは「治内《ちだい》」「知外」「応変」の三大要綱であると述べる。『結要士鑑』によれば、これらは甲州流兵法で言うところの、「武略」が「治内」、「智略」が「知外」、「計策」が「応変」にあたると述べている。

特に「治内」、つまり内を治めることが重要であり、内を治めるには「方円神心《ほうえんしんしん》」が大事だとしている。「方円神心」とは氏長をして「我流は方円神心の一理を以て始終を云」（『士鑑用法』）と述べるように、北条流兵学を貫く精神である。

では「方円神心」とは何か。「方円」とは自分自身、強いては天下国家のことであり、「神心」とは「天照大神の心を以て心とする」ことだと述べ、もしこの精神がなく利欲のために兵法を用いるならば、兵法は盗賊の法と化すと警告している。

兵学を学ぶ意義は戦に勝利する術を得ることにある。氏長はそれを得るには「天照大神の心を以て心とする」ことだと言うのである。

この「方円神心」を習得する方法が、北条流兵学の奥義で「三箇《さんこ》の大事」と呼ばれる「乙中甲伝《おつちゆうこうでん》」「分度伝」「大星伝」であった。

「乙中甲伝」は乙は腹、甲は頭を示し、頭を腹に入れるという意味である。つまり姿勢を正して心を真っすぐにすることで、天地の気が混じり神霊が備わっていく。これを常におこなうことで心柱とともに自分の体もまた、国の御柱になるというのだ。

「分度伝」は分度の言葉が示すように氏長が得意とした測量することを指している。これは単に地図作成のための測量を意味するのではなく、政治や軍事、個人の行為も含めた全ての距離を正確に測れるように、天地の規に合致することで勝利を得るという意味である。「大星伝」は北条流兵学の伝承者である松宮観山の『大星伝口決奥秘』によれば、「大星とは天に在ては日輪なり。地に在ては天照大神なり」、「大は一人なり。星は日生なり。一人日に生るは天照大神なり。我国開闢の始一人先づ生じ給ふ」と述べている。つまり天にある日神、即ち天照大神を信仰し、その血統を継承することである。

そして天照大神を「我心中に備へ奉り、其光を帯ぶる時は、他の衆星は日輪の光明に照らされて光を失ふ如く、孤虚旺相破軍星の説皆拘るべきにあらず」と述べ、天照大神を心に抱くならば、破軍星や運勢や気象などを気にする軍配兵法は全く意味をなさないと断じたのである。

この北条流兵学は氏長の門人数万と称されたように大きな影響を与えることになるが、北条流兵学の系譜で特筆すべきは先の松宮観山であろう。観山は氏長の子である北条氏如《うじすけ》（一六六六〜一七二七）に学び、蝦夷地を踏査して『蝦夷談筆記』を書いている。その学識は神儒仏の三教にわたり、測地、地理、天文や柔術などにも通じ、水戸学にも大きな影響を与えたが、その思想の根底にあったのは北条流兵学であった。だが山県大弐の『柳子新論』に跋文を寄せたことから、明和事件に連座して江戸構《かま》い（江戸追放）を命ぜられ、不遇な晩年を過ごすことになった。

北条流兵学は後述する山鹿流兵学に直接的な影響を与えるとともに、その後に分派する諸流兵学、つまり日本兵学に大きな思想的影響を与えることになった。

3 山鹿流兵学――江戸時代を代表する兵法

†山鹿流兵法の創始者、山鹿素行

江戸時代を代表する兵学である山鹿流兵学は山鹿素行を創始者とする。

素行は小幡景憲、北条氏長に入門して甲州流兵学と北条流兵学を修め、二十一歳で甲州流兵学の印可を受けて処女作となる『兵法神武雄備集』を執筆した。

その俊才ぶりに諸大名は素行を召し抱えようとするが、承応元年（一六五二）に播磨国赤穂藩主であった浅野長直に仕官することになり、北条氏長・富永勝由・梶定良とともに「小幡門四哲同学」の一人に数えられた近藤正純《まさずみ》（一六〇四～一六六二）の手によって進めら

素行が修正をした赤穂城二の丸門跡

れていた赤穂城の縄張りについて助言。二の丸虎口の手直しに携わっている。

その後兵学上の主著となる『武教全書』を著し、山鹿流兵学を創始すると浅野家を辞すと朱子学や陽明学の解釈を批判し、『論語』『孟子』などの経書の真意を得る聖学を提唱した。しかし朱子学を批判した『聖教要録』が原因で九年間に及ぶ赤穂への配流が始まる。

素行はこの期間でも学問を進め、『四書句読大全』『中朝事実』『武家事紀』などを著し、赦免されると浅草田原町に住み「積徳堂」と号して晩年を過ごした。

このように素行の事績を見てきたが、素行の説く山鹿流兵学が所謂「日本兵学」へと昇華するのは赤穂配流以降のことである。素行自身は若い頃に神道を学んでいるが、実際に『日本書紀』『続日本紀』

を読むのは二十八歳の時であり、その内容に感激して要所を抜粋したという。やがて赤穂配流後、寛文九年（一六六九）七月二十一日から八月二日までの間、四十八歳の時に連日のように『日本書紀』を研究し、

「右日本紀歴観の際渉筆《しょうひつ》す。これより前この紀を見しよりここに二十有余年なり。久しうして指を染む。本朝の風儀全くこの紀に顕はる。（中略）専ら中華の書に淀みてわが国の俗を知らず。最もそれ差へる乎」

と述べ、ついに大悟する。この成果が『中朝事実』となったのである。

ここまでは素行を学ぶ上の基礎というべき点だが、有馬成甫によれば素行が二十八歳の時、『日本書紀』などを読み始めたきっかけは北条氏長であった。

氏長は正保三年（一六四六）に著した『士鑑用法』に、

「多知広学にして世智ありとも、方円神心の曲尺を不兵は真実の兵法を知る人にあらず、是兵法真実の要法なり。莫疑」

と述べている。この「多知広学にして世智あり」と言われた人物こそ、二十五歳の山鹿素行であった。

「方円神心」は「天照大神の心を以て心とする」ことであり、当時の素行が儒教、老荘、仏教などに拘泥し、日本精神に覚醒していないことを戒めたのである。これが素行を目覚

めさせることに繋がっていく。堀勇雄氏は『山鹿素行』（吉川弘文館）にて素行が中華崇拝主義から日本精神に覚醒した原因を「素行が単なる儒者ではなく兵学者であった」と指摘しているが、正鵠を得ていると言えるだろう。

だが素行と氏長の関係は素行が三十七歳位までは良好であったが、やがて途絶えることになる。松宮観山はその理由を氏長が『聖教要録』を読んだことで、

赤穂城にある山鹿素行像

「氏長先生見て、実行を努めずして奇習を逞《たくまし》うするを以て、之を責めて交を絶つ」

と伝えている。二人が絶交した理由はこの一文しか存在しておらず、解釈に悩むところでもある。

だが儒者ではない兵学者の氏長が朱子学を批判されたことで絶交するこ

となどあり得るだろうか。

一説では素行が赤穂配流となったのは氏長がその才能を恐れ、謀略をめぐらして陥れたという話さえある。だが氏長は素行が罪に問われた際、「問題のある書物ではあるが、キリスト教とは訳が違う」と罪の軽減を懇願し、赤穂配流となる旨を幕命として素行に伝えた際は「家族に伝えることはないか」と親身に声をかけており、氏長が素行を罪に陥れる理由が見つからない。

素行の赤穂配流は宋学の大家である林羅山の一派による陰謀か、会津藩の保科正之らと親しくしていた山崎闇斎の一派であると考える方が妥当であろう。

氏長は素行が『中朝事実』を著した翌年に逝去しているが、恐らく『中朝事実』を読んでいれば驚喜したのではないか。「実行を努めずして奇習を逞うする」という怒りは、中国兵書ばかりを講じ、神道を未だ本としていない素行への怒りではなかったか。

†士法三本――謀略・知略・計策

素行は兵学者として「武経七書」の中で特に『孫子』に重点を置いて講義することが多かった。これは師である林羅山の影響が大きかったと思われる。

山鹿流兵学というものを考える際、最初に素行が門下生のために口述した『武教全書』

を見ていきたい。

『武教全書』では「夫れ士の法、其品多し。然れども其本三に出でず。謀略・知略・計策是なり」とし、兵法の三原則として士法三本（謀略・知略・計策）を挙げているが、謀略とは『孫子』の五事（①道〈モラル〉、②天〈タイミング〉、③地〈地の利〉、④将〈すぐれたリーダー〉、⑤法〈すぐれた制度〉）、知略とは『孫子』の七計（①君主はどちらが道徳的か、②将軍はどちらがすぐれているか、③天の時、地の利はどちらが得ているか、④法令はどちらがよく守られているか、⑤兵士はどちらが強いか、⑥将校はどちらが熟練しているか、⑦賞罰はどちらが厳正であるか）、計策とは『孫子』の詭道のことであると述べている。

そしてこの士法三本を熟知して応用するときは兵法の大理に合致するが、武功のみに専念するときは、士の大道を知らぬものだと断じている。

だが謀略・知略・計策の士法三本はすでに述べたように甲州流兵法の小幡景憲の教えに他ならず、山鹿流独自のものではない。素行の外孫である弘前藩家老、津軽耕道は『家伝秘鈔』において素行の言葉として、

「天人地三足にして後に天地人立ち、天下平に万物育化す。我が兵法も亦然り。謀略は是れ天なり。知略は是れ地なり。自ら謀り彼を知りて後に其の間に此の計策あり（中略）故に先づ謀略を以てし、次に知略を以てし、次に計策を以てす」

と述べ、謀略・知略・計策は天・地・人の三才だとし、これが併存されることで万物の変化は全てこれに含まれると説いたことを紹介している。

素行は謀略・知略・計策を天地人三才説という独自のものに昇華した。天地人三才説の思想を簡単にいえば文武一体論となる。文武のいずれかに偏ることは素行の採るところではなく、文武に先後はなく、時と場所に応じてどちらを優先するかを決めるべきだと考えたのである。

†山鹿流兵学の奥義――三奥秘伝

山鹿流兵学の極意としては「三奥秘伝《さんおうひでん》」と呼ばれるものがある。これらはそれぞれ「大星伝」「三重六物伝《さんじゆうろくぶつ》」「八機伝《はつき》」と呼ばれるものである。

甲州流兵学では「大星伝」を昼間は太陽に向かって戦ってはならないという実学的な思想で説いたが、北条流兵学では「大星とは天に在ては日輪なり。地に在ては天照大神なり」とし、天照大神を心に抱くならば、運勢や気象などを気にする軍配兵法は全く意味をなさないと断じたことは述べた通りだが、山鹿流兵学では「大星伝」をどのように解釈しているだろうか。

素行は、大星は神武天皇の「神策」であると述べ、「真大星伝」と称した。「真大星伝」

について、吉田松陰や池田屋事件で散った肥後藩軍学師範の宮部鼎蔵《ていぞう》（一八二〇〜一八六四）の師で素行の子孫でもあった山鹿素水《やまがそすい》（?〜一八五七）は『大星伝解』にて、

「我日輪トナツテ光輝ヲ発シ、三軍ノ衆ヲ照応スルノ業ヲ比喩ス。夫日輪ノ体ハクラクシテ其光リ明ラカニ徹ス。是所謂真ノ無形ニシテ其体顕然タリト雖、シカモ是ト見ル事アタハズ」

と述べている。つまり「真大星伝」とは日輪の光で相手に姿を悟られない真の無形（敵の形に応じて変幻自在に姿を変えること）だと説いているように、氏長のような日神信仰ではなく甲州流兵学のような実務的な内容を説いていることがわかる。

次の「三重六物伝」とは素行独自の思想である。三重とは理・形・用であり、六物とは天・地・人・物・法・用を指している。そしてこれらは「知行の大本」「人事の公教」だと素行は述べている。

そしてこの内容は兵法者自身の修業によって自得することが求められ、その奥義は三名以上の者には伝授されなかった。

「八機伝」は発機とも八規とも称さるものであるが、天・地・人・物・事・法・尽・誠の八つを示し、易による無限の変化を兵法に象ったものである。素行は『孫子諺義』において発機とは良将が敵地で戦うのは、あたかも牧人が群羊を使うのと同じで敵に予測せしめ

ないことだと述べている。

宮部鼎蔵の所持した『当流大事極意伝』によれば天は時、地は所、人は将、物は兵器、事は用、法は作法、尽は尽くす、誠は天理であるという。そして戦機を察して速やかに動くことが「八機伝」の精神であると述べている。

江戸時代の兵学の多くは口伝を重視したため、現在では不明な箇所も少なくはないが、山鹿流兵学は小幡景憲以来の甲州流兵学を基礎としたうえで、林羅山に学んだ儒学の教えと、北条氏長に触発された神道の影響を受け、独自の思想を開いたことは理解できるだろう。

†山鹿流兵学と赤穂義士

山鹿流兵学を語るうえで述べておかなければならないのは、赤穂義士との関係である。

山鹿素行が赤穂配流となったことはすでに述べた通りであるが、素行は浅野長友（一六四三〜一六七五）に見出され、赤穂藩の子弟を教育している。

長友自身も素行を優待して自ら門人となっており、この影響から赤穂藩士たちが藩主に倣って素行を尊んだのは当然だと言えるだろう。浅野長友の子であった浅野長矩《ながのり》（一六六七〜一七〇一）も弟の浅野長広（一六七〇〜一七三四）とともに素行が亡くなる一年前に素行へ入門している。

ここで簡単に元禄赤穂事件について述べておこう。

浅野長矩は元禄十四年（一七〇一）、勅使の供応を幕府に命じられ、吉良義央《きらよしひさ》に教示を受けたものの贈り物が不十分であったことから不親切にされた。そして三月十四日勅使が江戸を退去するための登城に際し、江戸城中白木書院で長矩は抑えきれず義央の背後から切りつけたものの思いを遂げることができず、即日切腹となったうえ領地は没収、播州赤穂の浅野家は取り潰しとなった。一方で吉良家に対しては何らお咎めもなく、室町幕府以来武士間の定めとされていた「喧嘩両成敗」の原則に幕府が背いたことで、その対応に不満の声が上がっていた（ただし徳川幕府の時代では喧嘩両成敗は慣習法であり法律化はされていない）。

赤穂藩の家老であった大石内蔵助良雄《くらのすけよしたか》（一六五九〜一七〇三）ら四十七名は翌年十二月十四日に吉良邸へと討ち入り、宿敵である吉良義央を見事討ち取り、仇討を成就したのであった。

その後、義士たちは幕府によって細川、久松、毛利、水野の四家へとそれぞれ預けられ、元禄十六年（一七〇三）に切腹となり、遺骸は長矩の墓のそばへと葬られた。

この結果、庶民たちは『仮名手本忠臣蔵』などとして浄瑠璃や歌舞伎などで四十七士を義士と讃えたのであった。

赤穂義士と山鹿流兵学との関係は、この『仮名手本忠臣蔵』のなかで、総大将である大《お》星由良之助《ぼしゆらのすけ》（大石内蔵助良雄のこと）が打ち鳴らす「山鹿流陣太鼓」で巷間広く流布することになった。

山鹿流陣太鼓とは「一打ち二打ち三流れ」と言われる打ち方であり、吉良邸へ討ち入る際に合図として叩いたと言われているが、山鹿流の陣太鼓というものは存在せず、後世の創作である。

また赤穂浅野家が一度断絶したことで、家臣も散り散りになっており山鹿流兵学の伝統がどのようになったのか不明瞭なところが多いのも事実である。

このことから赤穂義士と山鹿流兵学の関係性を過小評価する史家もいるが、それは皮相に過ぎる。

第一に挙げられるのは大石良雄の大叔父である大石良重《よししげ》（一六一九～一六八三）と素行との関係である。大石良重は赤穂藩家老であったが素行に仕え、朝夕と講義を聞いたと伝えられ、津軽耕道の『山鹿誌』には、

「就中《なかんずく》一老臣大石頼母之介（筆者注――良重のこと）甚だ先生を尊び日として来らざるはなし。一日中必ず二たび肴菜を贈る十年中一日の如く。其の貞実なること以て見るべし。元禄十五年四十七士忠士の仇を報ぜし其の始末は殆ど先生の余徳ならん」

と記されているように、両者の関係は昵懇であったことは当時でも有名であった。『戦法秘授別伝』によれば大石良重から山鹿流兵学が菅谷雅利（一六六〇～一七〇三）に継承され、その後、後述する講武所頭取を務めた窪田《くぼた》清音《すがね》（一七九一～一八六六）へと続いたことが記録されている。

菅谷雅利は山鹿流兵学の免許皆伝を受け、四十七士の一人として吉良邸へと討ち入っている。

一方、大石良雄についてであるが、素行の赤穂配流は十年に及ぶが、当初素行が赤穂に来たとき大石良雄はわずか七歳であるも去る時には十七歳となっている。良雄の父である大石良昭《よしあき》（一六四〇～一六七三）は生来、体が弱く早世してしまったため良雄の教育は後見人として良重によって成されている。

このことから良雄が素行の系譜にある証拠は見つかっていないが、良雄に対して直接ではないものの素行の影響をなかったと評価するのは誤りであろう。

赤穂義士による吉良邸への討ち入りは、用意周到なものであったことは言うまでもないが、この計画の深奥には素行の兵学、そして精神教育が活かされたはずである。

良雄は長矩が切腹した後、すぐに吉良家への復讐を企てたのではなかった。弟の長広を立てて御家再興を第一義として動き、それが叶わないことがわかったため、次善の策として主君が果たせなかった吉良義央を討ち、潔く死ぬ道を選んだのである（浅野家再興は吉良邸への討ち入り後、宝永七年〈一七一〇〉になって果たされることになる）。

これはかつて素行が教えた

「凡そ仇あるの処を知らば、速に其地に至り、身をひそかにし、事をたばかつて仇の居所を詳にし、仇の平生の体、其交る友、其なす業、其往来の道、用心の致しやうを詳にさぐり、時分を考へて押入り、仇を報ずるか、又途中に待居て、是れを撃つべきなり。其用法を細に知らざれば、仇なりと聞くにまかせて、或は仇を見ちがへ、或は仇を遁《のが》れしめて、一生の謀を一時に空しくすることあり。能《よ》くねらひ能く謀りて、其の全く打つべきの術を尽くし、而して後に無二の闘争を決すべきなり」

という教えを忠実に実行したものだと言えよう。

また四十七士の一人であった近松行重《ゆきしげ》（一六七〇〜一七〇三）は赤穂城を開城させた後、近松家本家がある近江国野洲郡蛭田（現・滋賀県野洲市）に潜伏しているが、その際に送った手紙には、「一、山鹿語類、武経要録の儀、先其許へ御指置可被下候」（西村豊『赤穂義士修養実話』不巧堂）とあり、『山鹿語類』『武経要録』といった素行学、そして山鹿流兵学に関する書籍を愛読していたことがわかる。

それ以外に山鹿流兵学を修めた義士に連なるものとしては、間瀬《ませ》権大夫《ごんだゆう》（長男の間瀬正明

〈一六四一～一七〇三〉、孫の間瀬正辰〈一六八一～一七〇三〉が義士として討ち入りに加わった）、間左《はざまさ》兵衛《へえ》（息子の間光延《みつのぶ》〈一六三五～一七〇三〉、孫の間光興《みつおき》〈一六三五～一七〇三〉、間光風《みつかぜ》〈一六八〇～一七〇三〉が義士として加わる。光延・光興は山鹿流兵学を修めており、光興は第一発見者として吉良義央の首級をあげている）、矢田利兵衛（息子の矢田助武《すけたけ》〈一六七五～一七〇三〉が義士となる）、中村庄助（娘婿である中村正辰〈一六五九～一七〇三〉が義士となる）などが挙げられる。

赤穂市にある甲州流兵学者近藤源八宅

赤穂義士と甲州流兵学

赤穂義士には山鹿流兵学以外にも、甲州流兵学の影響が強く見られる。

山鹿素行が赤穂に来るまえ、小幡景憲の高弟である近藤正純が浅野家に仕え、赤穂城の築城を担っていたことはすでに述べた通りであるが、素行以前には甲州流兵学が大きな影響を与えていた。

正純の兵学は「西国兵学第一」と呼ばれており、素行が赤穂城の改修に際して二の丸虎口のみを指摘し、それ以外を指導しなかったのは、正純の縄張りがほぼ完璧に近かったからだと推察される。ただし赤穂城は浅野家の家禄からはあまりに立派に造りすぎ、そのため赤穂藩は以後財政難に陥っている。

赤穂藩における甲州流兵学の系譜は、近藤正純から息子の近藤源八（?～一七一八）に伝えられている。源八は正純の養子であり、妻は大石良雄の祖父である大石良欽《よしたか》（一六一八～一六七七）の娘をめとっている。そのため、良雄とは親族の関係にあたる。

『兵家系図』によれば大石良雄は近藤源八より甲州流兵学を修めたとあり、義士である潮田高教《たかのり》（一六六九～一七〇三）もまた源八について甲州流兵学を学んでいる（吉良邸から引き上げる際、その首級を槍先に括りつけ引き上げた）。

余談であるが近藤源八は赤穂事件の前、禄高一〇〇〇石の組頭であったが元禄十年（一六九七）に解任、蟄居させられており、また事件当時はかなりの高齢だったと考えられ、仇討には加わっていない。いずれにしても義挙に参加しなかったことで、後年の源八に対する評価は芳しくはない。

また、花岳寺《かがくじ》の宝物庫には近藤源八が彫師である佐野氏規《うじのり》に延宝四年（一六七五）前後につくらせた甲州流平山城模型がある。これは明治時代に入り天皇へと献上されたが、戦後国立博物館から花岳寺へと贈られたものであり、当時の甲州流兵学の教示の仕方を学ぶ貴重な品となっている。

近藤源八に就いて兵学を修めたとされるもう一人の人物が吉田兼亮《かねすけ》（一六四〇〜一七〇三）である。

吉田は討ち入りに際しては、家格の関係から表門の大石良雄に対し、裏門は長男である大石主悦《ちから》が指揮を執っているが、実際は吉田がこれを握っていたことからも、その信任の厚さを知ることができる。

吉田の軍学者としての才覚は、当時かなり高名なものであったと言われ、『泉岳寺僧物語』では、「吉田忠左衛門（筆者注――兼亮のこと）は軍学者にて才知在之仁にて、此度前後の手術計策等、大形忠左衛門謀にて内蔵助に優り候仁之由」とあり、その他、吉田が義挙に大きな影響を与えたことを記す書物は多い。

実際、江戸で討ち入りの準備のため潜伏した際「田口一眞」と名乗って兵学塾を開いているが、その評判を聞いて諸侯が召し抱えようとしたとも言われている。

ただ吉田が源八のもとで甲州流兵学を修めたと言われてはいるものの、確証は見つかっておらず真相は不明である。ただ陽明学の『伝習録』を自写したとも言われており、同じく義士の木村貞行（一六五八〜一七〇三）も陽明学に傾倒したことが言われている。

また「侘び証文」の逸話で有名な神崎則休《のりやす》（一六六六〜一七〇三）は『孟子』好きである一方、仏教嫌いだったという（侘び証文の話とは、義挙に参加すべく東下《あずまくだ》りをしていたとき、道中に丑五郎というヤクザの馬子が「馬に乗れ」と絡み、これを神崎が断った。すると丑五郎は腰抜け侍とみて調子に乗り、「侘び証文を書け」と言いがかりをつけられ、騒動になることを恐れ従った。丑五郎は笑って立ち去ったが、後日、義士に神崎がいたことを知り、己を恥じて出家したという後世の創作である）。

このように見ていくと山鹿流兵学のみが赤穂義士の精神をつくったとは一概には言えないが、その影響の一端は知ることはできるだろう。

素行は赤穂を立ち去るとき、「赤穂に来てから多大な恩恵を受け、何ら恩返しも出来ていないが、今後もし赤穂藩に何か異変が起きたならば、その時に自分が日頃教えたことが必ず何らかの効果を奏するだろう」（『先哲叢談』）と述べて江戸に去ったと伝えられている。

赤穂事件は素行が赤穂を去って二十八年後に起きており、素行の精神教育は活きていたと言えるのではないか。

†維新を彩った山鹿流兵学の伝承者たち

幕末を代表する山鹿流兵学の伝承者といえば吉田松陰であることは論を俟《ま》たないが、山鹿流兵学の系譜に、咸臨丸《かんりんまる》を指揮して太平洋を横断、帰国後に幕府の海軍奉行を歴任し、西郷隆盛と会見して江戸城明け渡しに尽力した勝海舟（一八二三〜一八九九）、土佐で討幕運動に参加し維新後には参議となるも、征韓論で敗れて下野し自由民権運動を指揮した板垣退助（一八三七〜一九一九）、坂本龍馬や中岡慎太郎と連携して薩長連合を成立させ、維新後は東京市政等を担当したほか宮内相を担当した土方久元（一八三三〜一九一八）、岩倉使節団に随行して外遊し、枢密院顧問官を歴任した佐々木高行（一八三〇〜一九一〇）、西南戦争で熊本鎮台司令官として熊本城を死守した谷干城《たにたてき》（一八三七〜一九一一）らが連なることはあまり知られていない。そして彼らの共通の師となったのは、山鹿流兵学の若山壮吉（一八〇二〜一八六七）である。

若山は徳島藩出身で江戸の昌平坂学問所で佐藤一斎に学び、山田方谷、佐久間象山、渡辺崋山らとともに「一斎門下の十哲」に数えられる俊才であった。さらに幕府講武所頭取兼兵学師範役で赤穂山鹿流の正統であった窪田清音から山鹿流兵学を修めた。

若山はその後、美濃国岩村藩に仕え、また文久三年（一八六三）には幕府に仕えて藩士を指導している。

ただ山鹿流兵学は幕末になり西洋兵学が普及するにつれ、その存在意義を薄めることになっていく。窪田は山鹿流以外にも甲州流・越後流・長沼流兵学までも修めていたが、講武所で説いた山鹿流兵学は士道教育を重視したためか、兵学の達人としても幕末の変動についていくことは難しく「下手の長談義」と評された。窪田は山鹿流兵学に練兵主義を取り入れて時代に適応させようと苦慮していたともいう。

維新は実学であった兵学の終焉の合図ともなったのである。

4　越後流兵学――上杉謙信の戦法

†越後流兵学――「北越三伝」

甲州流兵学に対抗する兵学として、江戸時代に人気を博したのは越後流兵学である。越後流兵学は武田信玄のライバルであった上杉謙信（一五三〇～一五七八）の戦法を祖述したものの汎称《はんしょう》となり、それぞれ三派に分かれ、要門《ようもん》流、宇佐美流、神徳流となる。

だが要門流の『要門軍命根』によると越後流兵学はその源流に「北越三伝」（「日本伝」「御所伝」「後漢伝」）があるとし、「日本伝」を『古事記』『日本書紀』にある天忍穂耳尊《あめのおしほみみのみこと》に求めている。

天忍穂耳尊は葦原中国《あしはらのなかつくに》に降臨することになっていたが、下界は物騒だと瓊瓊杵尊《ににぎのみこと》に天孫降臨を譲ったとされている。

上杉謙信の墓がある上杉家御廟所

その後、この兵法は神武天皇に伝わり、皇室代々の秘伝とされ日本武尊の時代まで口伝で伝承された後、三韓征伐を成功させた神功皇后《じんぐうこうごう》が日本最初の大臣となる武内宿禰《たけうちのすくね》に命じて撰述させ、やがて桓武平氏の祖である高望王《たかもちおう》が平姓を賜る際に勅許され、後裔の上杉謙信（生家である長尾氏は平氏の末裔）へと伝授されたと述べている。

また「御所伝」とは神功皇后の時代に百済から『訓閲集』が献上されたことを指し、「後漢伝」とは大江維時が持ち帰った『六韜』『三略』を指すという（第二章2）。

そして「日本伝」は信州飯山城代とされる加治景英《かげひで》、「御所伝」は宇野勝親、「後漢伝」は宇佐美直澄（定満の子）が継承したと述べている。だがやがて「御所伝」の秘伝は「後漢伝」の宇佐美家で継承され「御所伝」「後漢伝」の合体がおこなわれている。よって越後流兵学とは大きくは「日本伝」の要門流兵学と、「御所伝」「後漢伝」の宇佐美流兵学に大別されることになる。

†要門流兵学と『武門要鑑妙』

要門流兵学は加治景英から子の景治、さらに子の景明から弟子の澤崎景実《さわざきかげなお》（一六二五〜一六八三）へと伝承されたという。

澤崎景実は越前勝山藩の生まれ、江戸の本郷で要門流兵学の塾を開いて名を馳せた。やがて薩摩藩藩主島津光久（一六一六〜一六九五）の招聘を受け、六万の士卒農民を手足の如く動かして見せ三千石で召し抱えられようとしたところ、家の宗派が一向宗であったため老父の反対に遭い（薩摩藩は一向宗を禁じていた）、『武門要鑑妙』を献上して去ったという。その後、江戸の芝で再び塾を開き、後に逝去したと伝えられている。

要門流兵学は『武門要鑑妙』を主要書として構成されるが、仏教思想の影響を強く受けていることに特色がある。

上杉謙信自身が林泉寺の天室光育《てんしつこういく》（一四七〇〜一五六三）の影響で仏教に傾倒するが、澤崎景実の父もまた熱心な仏教信者であったこと。さらに将たる者の心的鍛錬として仏教を結び付けたことは当然であったと思える。

すなわち「清意」「決心」「通明」を挙げ、これらを守行することで「融通三昧」となると説き、これを流儀の極秘、「唯授一人の伝」としている。

また甲州流兵学が武略・智略・計策を重視するのに対し、要門流兵学では「軍法の本は武略智略なり」として計策を外している。江戸後期の経世家佐藤信淵《のぶひろ》（一七六九～一八五〇）はこれを称して甲州流兵学が謀略や計策を重視して軍陣・節制を軽んじるのに対し、越後流兵学は軍律と制度を重んじ、謀略・計策を軽視するためだと指摘している（『兵法一家言』）。

だがたしかに越後流兵学では謀略や計策を禁じているが、これらを全く無視している訳ではなく、小手先の謀略に頼るのではなく自分自身の神智の発動を説いているのだ。

さらに『武門要鑑妙』品第四十七では「大日本は神国なり」と述べ、神国思想を明らかにしていることも特筆に値する。

また甲州流兵学が築城法を極意としたのに対し、要門流兵学では上杉謙信が武田信玄と川中島の合戦で戦った際に見せた、「車懸の陣」が唯授一人の秘伝とされている。

†宇佐美流兵学と『武経要略』

宇佐美流兵学は上杉謙信の軍師で越後柏崎琵琶島城主の宇佐美《うさみ》定満《さだみつ》を祖とする。だが永禄七年（一五六四）、長尾政景に謙信への謀反の志があることを知り、野尻池で舟遊び中にこれを殺し、自身も自決したという。

やがて子孫の宇佐美良賢《よしかた》（一五九〇～一六四七）が江戸で神徳流兵学を唱えて兵学塾を興して名声を高めた。晩年は紀州徳川家の祖の徳川頼宣《よりのぶ》（一六〇二～一六七一）に招かれ、以後は代々宇佐美流を称した。

宇佐美流兵学の主要兵書は『武経要略』であるが、要門流兵学は宇佐美派は「後漢伝」だとしたのに対し、宇佐美派は自分たちこそ神武の道に即した兵学であると主張している。そのため『武経要略』は要門流兵学のように仏教思想の影響はなく、日本の神武思想と中国流兵学を組み合わせたものとなっている。

また要門流兵学のように計策を否定せず、「夫れ謀略は武の捷径《しょうけい》なり」として謀略は武に通達する手早い方法だと、むしろ積極的に肯定している。

さらに『訓閲集』を吸収したことで軍配兵法も組み込んでおり、気象条件による戦機の見出し方や占いなどにも論及している。

宇佐美流兵学については伝承された範囲が極めて狭いため、写本の数も少なく実状を知るのは難しい。ただ同じように越後の虎・上杉謙信を祖としつつも要門流兵学と宇佐美流兵学には大きな違いがあることがわかる。

†越後流兵学が与えた維新への影響

要門流兵学は弟子たちにより八派にわかれるが、その伝承者からは幕末の国学者伴信友《ばんのぶとも》（一七七三〜一八四六）らを輩出している。伴信友は要門流兵学を基礎として学び、『古事記伝』を大成した国学者本居宣長《もとおりのりなが》（一七三〇〜一八〇一）を敬慕して没後の門人となり、本居《もとおり》大平《おおひら》（一七五六〜一八三三）の指導を受け才覚を発揮した。

また山脇治右衛門《やまわきじうえもん》（一八〇九〜一八七一）もその要門流兵学の系譜にある。山脇治右衛門は文久三年（一八六三）、陸軍制度取調御用掛となって幕府の陸軍西洋化に関わり、慶応元年の長州征伐に従軍している。明治元年（一八六八）には彰義隊の戦術を指南し、上野で籠城しつつ、三方面（関東にいる旗本の挙兵、海の榎本武揚の幕府海軍、奥州列藩の諸侯）からの支援があれば勝てると述べたが、彰義隊が半日で壊滅したことで実現しなかった。

5　楠流兵学——由比正雪の兵法

†芳しくなかった楠木正成の評価

楠木正成は日本を代表する天才軍略家であるが、これを流祖と仰ぐ楠《くすのき》流兵法があった。しかし江戸時代初期では楠木正成に対する評価は決して高いものではなかった。

山鹿素行は『山鹿随筆』において当時、一般的に「義経は兵法の骨髄を得、正成は兵法の皮膚を得たり」との批判があったことを記録している。

素行はこれに対し、二人を同日に扱うのは誤りであると指摘し、愛人の静御前に関することや兄である源頼朝との確執、梶原景時との逆櫓の議論など「一つとして道にあたらず」と断じている。一方で楠木正成については「かなはぬまでも三徳（智・仁・勇）を具して、君に不忠の心を子孫までさしはさまぬ所を第一とす」と評し、これらを「義経は天然器用にして勇猛丈夫の将なり。正成は困知学術の知将と云ふべし」と義経は兵法の応変に通じた勇将、正成は兵法の本質を抑えた知将だと述べている。そして「正成は兵法の骨髄を得、義経は戦法の骨髄を得と云ふべし」と結論した。

楠木正成といえば忠君の名将だが、これを信奉する楠流兵法者からは明治維新において重要な働きを果たしたものは寡聞にして知らない。

楠流兵法の伝承者、由比正雪

楠流兵法の伝承者としてその名を天下に轟かした者は、由比正雪《ゆいしょうせつ》（一六〇五〜一六五一）であろうか。

由比正雪は幕府転覆を企てた慶安《けいあん》事件の主謀者である。

菩提樹院にある由比正雪の像

正雪は駿河国由比（現、静岡市）の紺屋の生まれとも言うが、諸説あり定かではない。

事件発覚後、幕府が作成した手配書には、正雪の容貌は「年四十あまり、がっそう（総髪）、せい小さく、色白、髪は黒く、唇は厚いが眼はくりくりとしている」という。

江戸に出て楠木正成の子孫と称する楠不伝《くすのきふでん》の門下となり、その後継者として楠流兵学を教えたという。その数は旗本や大名、浪人を中心に三千人に及んだという（新井白石は正雪の弟子から聞いた話として、実際の道場は神田連雀《れんじゃく》町の五間《いつま》の裏店で狭いものだったと記録している）。

やがて慶安四年（一六五一）に幕府を転覆する計画を立案する。この時代は徳川家光が逝去し、息子の家綱が幼くして家督を継いで幕政が混乱し、またそれまでの武断政治の影響で、多くの大名が取り潰しとなり浪人が続出して不満が満ちていた。また大地震や洪水なども頻発し、世論は極度に不安の様相を呈していたのである。

正雪は同志の宝蔵院流の槍の達人で江戸御茶ノ水に道場を開いていた丸橋忠弥《まるばしちゅうや》（?～一六五一）、北条家の遺臣である金井半兵衛《かないはんべえ》（?～一六五一）らと浪人を指揮して反乱を企てるが、内部に密告者がいたことで計画が露見した。

丸橋忠弥は槍の達人であるため、捕り方が道場の外で「火事だ、火事だ」と騒いでおいて見に飛び出したところを捕縛されたという。

正雪は駿河の久能山を占拠した後、駿府城を攻略する準備を進めるため駿河茶町の旅館梅屋に逗留していたところ、駿府町奉行所に宿を囲まれ事が露見したことを知り自決した。

金井半兵衛は大坂方面の反乱を担当したが、丸橋忠弥の逮捕と由比正雪の自刃を知り、自らも命を断ったとも処刑されたともいう。

正雪の遺品から紀州藩主徳川頼宣の書状が見つかったことで、頼宣は松平信綱等の幕閣から謀反の嫌疑をかけられ、十年間にわたって紀州藩への帰国は認められなかった。

この書状は結局偽造だということで落ち着くが、これを機に幕閣に批判的だとされた徳川頼宣を失脚させ、武功派勢力を一掃することになる。

慶安事件の翌年、承応元年（一六五二）には承応の変が起き、老中を襲撃しようとした浪人別木庄左衛門が捕縛されるなどしたため、幕閣は浪人対策を進め改易を減らすべく末期養子の禁を緩和し、また浪人の再雇用を奨励した。この結果、武断政治から文治政治へと施政は変わることになる。

†由比正雪と楠流兵学との出会い

由比正雪が楠流兵学で売り出した経緯については様々な説が伝えられている。

たとえば江戸に出てから芝で仮屋をしていたところ、近所に火事があり火事場へ向かうと足元に硯箱が落ちていた。それを拾うと中に楠流の兵学書が入っていたため、そのまま持つことにした。やがて神田に引っ越して手習いの先生をしていたとき、兵学が流行してきたため、拾った兵学書を種本に教えて成功したという話。

または越前出身の七十歳くらいの老人が、楠流兵学書を持っており、正雪に「真贋はわからない」と言いつつ見せたところ、正雪はこれが欲しくなり老人を毒殺して自らを「楠流の正統である」と称して出てきたともいう。

一説では正雪が牛込に住んでいたとき、独りぼっちの老人楠不伝と出会ったところ、楠木正成が所有していたという刀、菊水の旗、系図、家伝の兵学書を所持していた。正雪はこの老人を世話したことで父子の契りを結び、楠不伝が亡くなった後に自ら楠流兵学で売り出したともいう。

さらには静岡の浅間神社の老松の下に、楠木家の系図と菊水の旗を隠しておき、「夢のお告げがあった」と言ってこれを門人の前で掘り起こし、信じさせて評判を得たという話もある。

これらはいずれも正雪が自刃した後に書かれたものであるため、真相は不明である。徳川幕府に逆らった極悪人ということから不当に悪く描かれているところもあろう。だが正雪が楠流兵学で高名になったのは事実である。

昔の書籍を読んでいくと、正雪は尊皇家であり、だから慶安事件を起こしたのだという話もあるが、この当時はまだ楠木正成は尊皇家や忠臣として敬われたのではなく、兵学が流行する最中、これに精通した人として尊敬されており作り話に過ぎない。

†楠流兵学の諸流派

では楠流兵学とはどのようなものであっただろうか。

戦国大名にはすでに『太平記』や『難太平記』といった軍記物語を政治や軍事の指南書と考える動きがあったが、江戸時代に入ると楠木正成とその一族の策略に独自の論評を加えて楠流兵学と称して一派を立てるものが現われたのである。

その流派は大きく以下六派に分かれる。

①陽翁伝《ようおうでん》楠流。これは『太平記評判秘伝理尽抄《りじんしょう》』を基本兵書として大運院陽翁（一五六〇～一六二二）が広めたものである。

大運院陽翁は後に加賀藩の前田利常に仕え、陽翁伝楠流は小田原や岡山など各地に伝わっていく。

この流派は『太平記』の軍談を通じて楠木正成の人格や武略などを学ぶことを奥義とし、山鹿素行も『太平記評判秘伝理尽抄』を度々読んだことが記録されている。

江戸時代中期の講釈師、神田《かんだ》白竜子《はくりゅうし》（一六八〇～一七六〇）はこの流派を学び、太平記軍談を講釈して名を轟かしている。これらの活動がやがて楠公崇拝の思想を広めることに繋がっていく。

②南木流。楠不伝を祖とし、基本兵書として『南木拾要《なんぼくしゅうよう》』がある。由比正雪の師とも言われるが不明な点も多い。南木流の呼び方も「くすのきりゅう」「なんぼくりゅう」「なぎりゅう」とある。「なぎりゅう」と呼ぶのは大阪の河内にある南木《なぎ》神社から来たと思われる。近年発見された尾張藩甲賀流忍者の『渡辺俊経家文書』（滋賀県甲賀市）には南木流の兵書が混在している。甲賀忍者は飯道寺を中心とする修験道の流れを汲んでいるため、軍配兵法を多く含む南木流とは近い関係にあったのかもしれない。いずれにしても忍者が楠流兵学を学んでいたのは興味深いことである。

③河陽《かよう》流。『河陽兵庫之記』を基本兵書とし伊南芳通《いなみよしみち》（一六二〇〜一七一七）を中興とする。伊南は甲州流兵学、北条流兵学、越後流兵学を学び、剣術、槍、抜刀などを修め、免許皆伝は十八にも及んだという。山崎闇斎などとも交流が深かったという。やがて河宇田正鑑に師事し、その相伝を継いだとされる。その伝は会津と仙台藩に伝わった。

④河内《かわち》流。吉田氏冬の『軍林私宝《ぐんりんしほう》』（一六五八）を基本兵書とする。

⑤行流《こうりゅう》、秋月輝雄の『兵道集』『軍要集』などを基本兵書とする。

⑥新楠流《しんくすのき》、紀州藩の名取正武が提唱した。最初は名取流と呼んだが、藩主徳川頼宣の命で新楠流と改称したという。『兵家常談』『兵具要論』などの兵書がある。

†楠流兵学の特色と奥義「五神通」

南木流兵学の伝書『楠家伝七巻書』には兵法を学ぶには上中下があり、上は悟性愛民、中は計謀、下は戦術の三つがあり、智・仁・勇である徳義、才智、勇武が優れている者は神通により戦術も妙手を得ることができるという。

また楠木正成が湊川の戦いに敗れ、弟正季《まさすえ》（?〜一三三六）とともに自刃する際に誓った「七度人として生まれ変わり、朝敵を誅して国に報いん」という思想、「七生報国」に由来して楠木流兵学では「十死一生の戦法」というのがある。

これは湊川の戦いで腹心の部下七百騎で決死隊を募り、大軍を相手にして三時間十六回に及ぶ戦いを繰り広げた戦法と言われ、それぞれ五人一組とし三百の兵があるときは三段（先の手、二の手、三の手）に部隊を分けて懸かる、三段戦法を繰り広げるものである。

そして敵が崩れたら三手は一体となって鬨《とき》をあげて敵の大将を討ち取りに入ると述べている。

またもし敗れた場合は鎧を脱いで降伏の使者を出すが、不意をついて奇襲をかけるべきだという。

その他、豊《て》島《しま》河原《かわら》合戦《かっせん》で見せた、兵士への指揮鼓舞（以一息得百万兵）や、赤坂城落城の際に逃走に成功したという策（百度死百度生）などが『楠遺書』にあるが、楠木流兵学の奥義は「五神通」を習得することである。「五神通」とは、道徳、実通、心通、神通、相通の五つであり、これを習得するときは「一切の神通妙用定まりて達せざるということなし」と述べている。

6　兵法と崎門学

†太子神軍伝が崎門学に与えた影響

山崎闇斎といえば神道と朱子学の融合である垂加神道（崎門学《きもんがく》）の創始者であるが、兵学を修めたことを知る人は少ない。山崎闇斎は幼少のころ比叡山に送られ、妙心寺の僧となった。その後、土佐の吸江寺《きゅうごうじ》に移るが海南朱子学の人々の影響を受け還俗。神儒一体の思想に覚醒している。

山崎闇斎が伝授された兵学を太子流神軍伝と言い、会津藩主保科正之の招聘された際にこの兵学の伝承を受けたという。

太子流神軍伝とはその祖を聖徳太子に求め、以後は鬼一法眼、源義経、楠木正成へと継承されたと言われる兵学であり、これが会津藩の望月新兵衛に極意が伝承され闇斎もこの望月より太子流神軍伝を伝えられた。垂加神道には太子流神軍伝の思想が混入しているのだ。

この太子流神軍伝はその後、玉木正英、日本初となる国語辞典『和訓栞《わくんのしおり》』をつくった谷川士清《たにかわことすが》（一七〇九〜一七七六）、堀尾秀斎《しゅうさい》（一七一四〜一七九四）らに伝承されていく。

兵庫県宍粟市の闇斎神社にある山崎闇斎像

太子流神軍伝は聖徳太子を祖にするように仏教思想が色濃い内容となっているが、特色としては大軍を動かす兵学と士卒が用いる剣術の合一を説いたところであろうか。

つまり兵学の謀略による駆け引きを、剣術の駆け引きにも求め、士卒が手足の如く動くことを重視し、大将が虚実を見極めることを「彼立《ひりゅう》足《そく》」と述べている。

「彼立足」とは彼岸に立つ足という

意味であり、涅槃の理想郷に立つ足だと言い、これが武士の勝負の至極だと述べている。具体的には源義経が一の谷の合戦でみせた鵯越《ひよどりご》えの戦法や、屋島の戦いの暴風雨の中での四国への渡海が彼立足であり、楠木正成もこれを得たと述べている。

その他、「軍法は仏神を父母とするは別の法なし。仏神の御心に叶ふ如くせよとなり。此故に名将の御心は能く仏神と一体にして、御心の照れること国土に遍ねし」など名将と仏の精神を同一だと述べている。

そしてその奥義は、仏・神・武は元々一つの道であり、武というものは神と仏に叶って成就するもので、それこそが「是れ太子の軍の極意なり」であり、「感得すれば天下をも治めらるるなり」と述べている。

この太子流神軍伝はやがて会津藩が長沼流兵学などを採用したことで消滅していくが、垂加神道を正親町公通《おおぎまちきんみち》について学んだ玉木正英もこれを習得することになる。

玉木正英は垂加神道に加え、京都梅宮大社の祠官であった橘《たちばな》氏に伝わる橘神道の口授を受けて「橘家《きつけ》神道」という独自の一派を打ち立て、同時に「橘家神軍伝」という兵学も創始した。橘家は奈良時代以降、名家として繁栄した源平藤橘《げんぺいとうきつ》と呼ばれる家柄であり、これはそれぞれ源氏、平氏、藤原氏、橘氏を指す。

橘家神軍伝は太子流神軍伝には仏教思想が強いのに対し、『古事記』『日本書紀』等の神道思想の影響が色濃い内容となる。そして玉木正英自ら「神軍と云は、我国上古よりの伝来にして神代の遺法なり」とし、神代の兵学の遺法が橘家に伝来したものだというのである。

その兵法書『橘家神軍伝』には、

「日本軍配の起りは天照大神丈夫の相を顕し、武備を設け詰問玉《たま》ふ。是武備の始也（中略）殊に武士たらん者は、かりそめにも、天子の御方へ戈先を向くまじき事也。仍て日神三女神の御威ひを負ひ奉りて、随影攻戦はば、いかなる強敵大敵とても面を向る事あらんや」と天照大神が地上から高天原に登ってきた須佐之男命に「高天原を奪う等という邪心がない」という誓約を結ばせたときに生まれた宗像《むなかた》三女神（田心姫《たごりひめ》、湍津姫《たぎつひめ》、市杵嶋姫《いちきしまひめ》）に武を求め、この三女神を軍神として崇めるならば、どんな強敵でも倒すことができると述べている。

また神武天皇の神策である「大星伝」についても論究するなど神道色はかなり濃厚となる。「大星之伝」では「臣下ノ大星ハ天皇ヲ以大星トナス」とまで論及している。

†兵学と垂加神道

山県大弐は甲州流兵法と徂徠兵法を習得していたが、崎門学を加賀美光章に学んでいる

ことは先述した通りであるが、加賀美光章の師は玉木正英である。玉木正英が編纂した垂加神道の伝授書、『玉籤集《ぎょくせんしゅう》』には、

「天子は即ち今日の日神にて在坐」

「太陽天曰、天照大神、今上皇帝は全く御一体」

とある。山県大弐が「大星伝」を学んでいたかは不明だが、甲州流兵学の「大星伝」と垂加神道が重なり、何らかの影響は受けていたと推察される。

そもそも垂加神道の極秘伝の一つ「神籬磐境《ひもろぎいわさか》」の根本精神が、日嗣君《ひつぎのきみ》（皇位継承者）を補佐し臣下の分を尽くすということであるため、垂加神道の極意が尊皇にあったことは明らかである。山崎闇斎自身も、

「垂加霊社　闇斎曰、道者大日孁貴《おおひるめのむち》（天照大神の別名）之道也」

と述べている。これを伴部安崇《ともべやすたか》（一六六八〜一七四〇）は解説して、

「神道と申すは、天照大神の道なれば、大日孁貴の道と云、道主貴の道と申ても同じ事也。貴とは天が下を治めたもちたまふことを云、天津日《あまつひ》（天皇）と全く御一体にて天が下を治めさせ玉ふ也。然れば神の道と申すは、日の御徳を仰ぎ学ぶことなり」と述べている。

天照大神を天日と仰ぎ、天皇こそが日神だと崇拝した垂加神道はやがて幕末において尊皇愛国の志士を多数輩出することになる。山県大弐に限らず京都で公家に神典、儒書を講

じたため宝暦事件で追放され、明和事件で流罪となった竹内式部《たけのうち》（一七一二～一七六七）は玉木正英の直門である。公家の中には式部の影響で軍学を学ぶ者もいると問題視されたが、それは橘家神軍伝であった可能性もある。

また山県大弐とともに尊皇反幕を説いて処刑された藤井右門《ふじいうもん》（一七二〇～一七六七）は武内式部の門下であった。宝暦事件で連座し、倒幕という言葉を初めて使った高山彦九郎と親交が深く、京都や九州の同志の間を往復して尊王論を遊説した唐崎常陸介《からさきひたちのすけ》（一七三七～一七九六）は玉木正英の孫弟子で、谷川士清の弟子である。

安政の大獄で散った尊皇攘夷の中心人物、梅田雲濱《うめだうんぴん》（一八一五～一八五九）と同じく刑死し一橋慶喜を将軍継嗣に擁立しようとした橋本左内（一八三四～一八五九）も崎門学の影響を受けた。また寺田屋事件で亡くなった有馬新七（一八二五～一八六二）もその影響にある。明治維新における崎門学の影響は誰しも認めることであるが、その源流には日本兵学の思想が混入していたのである。

第四章

維新以後の日本兵学

日本海海戦を制した旗艦三笠と東郷平八郎像（横須賀市の三笠公園内）

1　日本兵学から西洋兵学の時代へ

†西洋兵学の流入と兵制改革

時代が幕末から明治維新へと移りゆくなか、それまで江戸時代に花開いた日本兵学は西洋兵学によって淘汰《とうた》されることになった。

日本と西洋との交流は確証あるところでは、天文十二年（一五四三）種子島にポルトガル人が漂流した時代までさかのぼる。

その後、日本はキリスト教を禁止して西洋諸国との交わりを遮断したものの、オランダだけは長崎の出島を通じて日本との交流が許されることになった。

当時のオランダはアジアに航海する船の半分以上がオランダ国籍であり、またガリレオ・ガリレイ（一五六四〜一六四二）の『新科学対話』やデカルト（一五九六〜一六五〇）の『方法序説』などは、まずオランダで出版されるなど最先端の文化を有した世界一位のGDPを誇る文明国であった。

日本はオランダを通じて西洋の動向を知り、やがてこれらは「蘭学」と呼ばれるようになっていく。またオランダも日本のことを調べ、ケンペル（一六五一～一七一六）の『日本誌』やフィッセル（一八〇〇～一八四八）『日本風俗備考』など多くの日本研究の書籍を欧州で出版したことが、西洋諸国の日本への理解を深め、維新への動きに繋がっていくのである。

西洋兵学が日本へと流入してくるのは、十九世紀に入ってからになる。文化三年（一八〇六）、文化四年（一八〇七）にロシアによる文化露寇《ぶんかろこう》（ロシア特使ニコライ・レザノフ〈一七六四～一八〇七〉が日本との通商を求めてきたが、幕府はこれを拒否。半年近く返答を待たされたレザノフは択捉島《えとろふとう》を始め樺太などの周辺海域の商船を襲撃するが、幕府はこれに対してなす術もなかった）、文化五年（一八〇八）に起きたフェートン号事件（イギリス軍艦フェートン号が交戦状態にあったオランダの商船を捕獲するため、オランダ国旗を掲げて長崎へ来航。これを蘭船と誤認して出向いたオランダ商館員が捕まったうえ狼藉を働かれた。日本はこれに手が出せず、補給物資と引き換えに人質を解放させフェートン号を退去させた。後に奉行が責任を負って自決する）などにより、異国船打払令《いこくせんうちはらいれい》（一八二五）を発布して海防の強化に迫られることになったからである。

異国船打払令は理由に関係なく外国船は見つけ次第、打ち払えとするもので幕府に限らず、沿岸の諸藩も砲台や大砲を設置する必要に迫られた。この技術を得るため、オランダの沿岸砲術の教本が参考とされた。余談であるが、東京にあるお台場は江戸を護るべく江

日本初の三兵戦術を翻訳した鈴木春山の墓（愛知県田原市）

川太郎左衛門が造った洋式の海上砲台の跡地である。お台場という呼称は幕府に敬意を払って、砲台がある「台場」に「御」をつけ「御台場」と呼んだことが由来となる。

一方、アヘン戦争（一八四〇）により世界最強と信じていた大清帝国が西洋列強に呆気なく敗れたことも、日本に危機感を覚えさせ、西洋に習った兵制改革に着手させる原動力となった。これにより日本初となる三兵戦術の紹介書である鈴木春山《しゅんさん》（一八〇一～一八四六）の『兵学小識』、鈴木春山から引き継ぎ高野長英（一八〇四～一八五〇）が翻訳した『三兵答古知幾《さんぺいたくちき》』、徳丸ヶ原（現、板橋区高島平）で初の洋式砲術演習をおこなった高島秋帆《しゅうはん》（一七九八～一八六六）の『高島流砲術伝書』、日本陸軍の祖となる大村益次郎（一八二四～一八六九）の『兵家須知戦闘術門』、函館五稜郭で戊辰戦争を戦い戦後は枢密顧問官などを歴任した大鳥圭介（一八三三～一九一一）の『砲科新論』など多くの西洋兵学の書物が翻訳出版されることになった。

†佐久間象山による普及

西洋兵学が普及していく動きで特筆すべきは佐久間象山《さくましょうざん》（一八一一～一八六四）であろう。佐久間象山は佐藤一斎の門に学び、主君真田幸貫《さなだゆきつら》が老中海防掛に就任すると、象山はアヘン戦争を研究し「海防八策」を上書した。

そして蘭学の必要を感じた象山はオランダ語を習得して、オランダの医学、兵学、自然科学など多数の書籍を乱読。知識を得て応用にも励んだ。その後、自ら塾を開いて西洋兵学を講義するとその名は天下に知れ渡り、勝海舟や吉田松陰など多くの俊才がその門に入った。

ペリーが来航すると象山は「急務十条」を提出しつつ、吉田松陰に渡米を勧めたがこれは失敗し、象山も連座して蟄居《ちっきょ》することになった。

この間も西洋研究に没頭し、日本人の精神を維持しつつ西洋の学問を学ぶ「和魂洋才」を提唱。さらに攘夷ではなく開国論に転じ、公武合体を唱えるようになった。だがその言論が尊皇攘夷の過激派の怒りを招き、京都で暗殺されるに至った。

佐久間象山は当初、江川太郎左衛門や高島秋帆らの門で西洋兵学を学ぶが、それに飽き足らず、自ら洋書を読んで習得した。やがて自ら塾を開くと学問に「奥義」などといって人の心を抑えて関門をつけるのは文明進歩の道ではないとして、免許状なども設けず自らの知る全てを教えている。

明治維新の俊英を多く輩出した吉田松陰の松下村塾でも西洋兵学を教えている。

松下村塾は「文科」（倫理、政治、経済、生活科学等）と「武科」（剣術、用兵術、軍政等）に分けられており、塾生の年齢や習得度に応じてそのレベルで教えていた。漢学は朱子学を主としながら仁斎、徂徠、陽明学なども折衷した（文言の意味ではなく、文法からの解釈を重視した）。国語は本居宣長の『古事記伝』を主としつつ、水戸学や頼山陽などの説も入れている。また算術として「九九」や地理などを熱心に教えた。

象山神社にある佐久間象山像

洋学については中国からの訳書を用いたが、玉木文之進は松陰が西洋銃陣を教えるのに不同意であったものの、松陰は塾生を河原に集めて操銃法を教えている。

またオランダからファビウス中佐（一八〇六〜一八八八）が来日したことで、幕府はファビウス中佐から航海術を学ぶべく長崎海軍伝習所を設けた。ここの伝習生に勝海舟がいた。やがて教育の成果は咸臨丸の太平洋横断（一八六〇）として現れ、勝海舟の建言により神戸海軍操練所がつくられた。ここでは坂本龍馬や外相として下関条約の全権となる陸奥宗《むつむね》光《みつ》（一八四四〜一八九七）、日清戦争の連合艦隊司令長官となる伊東祐亨《すけゆき》（一八四三〜一九一四）などが塾生として名を連ねた。

さらに江戸では講武所がつくられ、西洋兵学に基づく陸軍教練がおこなわれている。兵学が実学である以上、西洋列強の武力の前でなす術もなかった「〇〇流兵学」などと称された時代は、終焉を迎えたのである。

†フランス式からドイツ式へと変革する帝国陸軍

慶応三年（一八六七）、徳川十五代将軍慶喜が征夷大将軍の職を辞し、政権を朝廷に返上することを申し出る、所謂、大政奉還によって明治政府が誕生し天皇親政が開始されたが、新政府軍でもまだ藩主の兵という意識を強く持つ人々は多かった。

それに対し、大村益次郎らは天皇親政であるからには天皇直属の軍隊、即ち国軍を持つべきだという考え方を持していた。そして大坂に陸海軍練兵所と兵学寮を設け、軍の中心を大坂に置くことを提言している。これは西郷隆盛を油断ならぬと考えていた大村が、先手を打って薩摩藩が反乱を起こした際に即応できる体制をつくるためであった。

明治二年（一八六九）の御前会議では農兵で御親兵を創設する案を大村が提案したところ、薩摩藩がこれに反対して大論争になっており、その後、大村は暗殺されるに至った。

靖国神社にある大村益次郎像

大村の死後、その後継者というべき地位についたのは後に陸軍大臣や内務大臣等を歴任する山県有朋（一八三八～一九二二）であり、彼は西郷隆盛の弟、西郷従道らとともに明治二年三月から翌三年の八月までフランス、プロイセン、イギリス、アメリカなどを視察して回った。
これらの経験から明治六年（一八七三）には徴兵令が出され、それより前の明治三年には陸軍はフランス式、海軍はイギリス式を採用することが決定された。

山県と西郷が西洋視察をしたことは明治軍事史を語る一大ターニングポイントであり、それぞれが陸海軍を代表する元老的存在となっていくとともに、陸海軍に西洋兵学を注入することになる。

しかしフランス式は個人や小部隊の教育には適したものの、大規模な兵力の展開ではプロイセン式の方が優れていた。またフランス式採用の廟議内決をした数カ月後に普仏《ふふつ》戦争が起こり敗北したフランス式の採用を止めて、ドイツ式を採用すべきという声があった。薩摩藩は以前からイギリス式を導入しており、藩内事情からフランス式採用に反対した。それにもかかわらずフランス式が採用されたのは、幕府以来フランス陸軍の影響を受けており、フランス語の通訳者が多かったこと等が挙げられる。

明治十九年（一八八六）、桂太郎陸軍少将（一八四七〜一九一三。のち首相、陸軍大将）は、「帝国の陸軍はフランス式といい、ドイツ式というが如く、徒らに模倣してその制度を定めんとするが如きは、吾人の未だその可なる所以を知らない。帝国陸軍は確固不抜の方針を樹立してその本領を定めなければならぬ。その本領とは何か、フランス式にもあらず、ドイツ式にもあらず、即ち欧州兵制の模範たるドイツの兵制を折衷し、その短を捨て、長を取り、日本特殊の兵制を創立することである」（上法快男編『陸軍大学校』芙蓉書房）と述べ、ドイツ式の採用を説くのは、立憲君主制の政体と君民一体の国民性が日本と類似しているためだと主張し、ついに陸軍はフランス式からドイツ式の採用へと転じることになった。

またドイツ式が帝国陸軍に影響を与えた影響を語るならば、忘れてはならないのは明治十八年（一八八五）に来日したドイツ陸軍のメッケル少佐（一八四二〜一九〇六）の存在である。メッケル少佐はフランス式からドイツ式に兵制を改革するとともに、日本の陸軍大学校の教育を参謀演習と呼ばれる現地戦術を基礎とする戦略・戦術中心の教育に改めている。

その功績を三つあげるとすれば、①陸軍の組織を陸軍省、参謀本部、教育総監部の三つに分け、特に参謀本部を独立させ統帥権を独立させたこと、②防衛を中心とした鎮台編成ではなく、攻撃を主軸とした師団制に変革したこと、③各兵操典や演習を整備したこと、に集約できるだろう。

ではメッケル少佐の戦術教育とはどのようなものであっただろうか。メッケル少佐は戦史教育を重視しつつ現地を視察する参謀演習旅行を実施して現地の地形を前にしての戦術問答など画期的な教育を帝国陸軍に吹き込んだ。また兵器の発達に依存するのではなく、最終的な勝利の決定は精神力であるとし、防御よりも攻撃を重視するものであった。

いずれにしてもこれ以降、帝国陸軍の将校たちはドイツへ留学し、日露戦争時には陸軍の典範令はドイツ式一色となっていくのである。

†軍人勅諭と「大星伝」

軍隊の制度は整いつつあったが、内に精神の確たるところがなければ精鋭な国軍はできないと、軍人精神の涵養《かんよう》をどのように図るべきかが課題となった。

そのため明治五年（一八七二）には、軍人たる者の日常の心得を説いた『陸軍読法』、『海軍読法』が出され、明治十一年（一八七八）には西南戦争の論功行賞に不満を抱く近衛師団の一部が反乱を起こした竹橋事件の直後に、陸軍卿《きよう》山県有朋の意図を体して啓蒙教育家であった西周《にしあまね》（一八二九〜一八九七）が起草したもので『軍人訓誡《くんかい》』が発せられていた。『軍人訓誡』は軍人精神を忠実、勇敢、服従の三大徳目に帰するとし、江戸時代の武士道とも通じるものとした。さらに細目を示し、陸海軍人が懇親すること、軍人は政治に関与しないこと、部下、同僚等にその道を尽くすこと、言動動作を戒めること等を説き、最後に軍隊をして国民的品性の一大教養所にしようとの意図を示している。

しかしこれを発布しても軍人の中の不品行や、国民の徴兵忌避などが止むことはなかったため、ついに軍人精神の統一のため、明治十五年（一八八二）に『軍人勅諭』が渙発《かんぱつ》あらせられたのであった。

『軍人勅諭』は皇軍の由来から述べられ、兵馬の大権は天皇の永久に統べさせ賜うことを

宣明し、

「朕は汝等《なんじら》軍人の大元帥なるぞ。されは朕は汝等を股肱《ここう》と頼み、汝等は朕を頭首と仰《あふ》きてぞ。其《その》親《したしみ》は特に深《こと》かるべき」

と述べられ、忠節、礼儀、武勇、信義、質素の五カ条の軍人が守るべき教えと、これらを誠心をもって実行するよう求められている。

このように『軍人勅諭』は当時の時流による戒めという要素が強かったが、やがて軍隊の精神的中核として重要視されるようになっていく。

大政奉還以降、天皇と軍隊の結びつきがなくなってからは天下が乱れたが、『軍人勅諭』によって「朕は汝等軍人の大元帥なるぞ」と呼びかけた後は、これが収まったことは「大星伝」という日本兵学の思想から考えても納得のいく動きであったと言えるだろう。

2　日露戦争と日本兵学

†軍神乃木希典と吉田松陰

日本兵学の系譜を考える際、忘れてはならないのが日露戦争の軍神乃木希典《のぎまれすけ》陸軍大将

（一八四九〜一九一二）である。

長州藩出身の乃木は幼いころ、文を志して吉田松陰の叔父である山鹿流兵学者の玉木文之進の塾を訪ねたが、文武両道を諭され入門を許された。これにより乃木は吉田松陰と兄弟弟子の関係になる。乃木は山鹿流兵学については「最も大切なもの」として学ぶとともに、素行が立派な人物だと心に刻んだ原因になったと述べている（乃木希典『乃木希典全集』下巻、乃木神社）。

赤坂乃木神社にある正松神社。玉木文之進と吉田松陰が祀られている（乃木神社提供）

玉木文之進は常に松陰のことを褒めており、それに関連して素行のことに話が及ぶのが常であった。乃木は当時のことを「予は幼年ながら、此の玉木翁と、松陰先生との関係や其の人となりを聞き込んで、遥に欽慕《きんぼ》の堪えなかつたのである」と回想している。

また松陰が「士規七則」を書いた原紙を玉木から貰い、常にお守りとして肌身離さず持っていたが、西南戦争で敗走して川に飛び込んだ際に紛失してしまったという。

「士規七則」とは、

冊子を披繙《ひはん》すれば、嘉言《かげん》林の如く、躍躍《やくやく》として人に迫る。顧《おも》ふに人読まず、即《もし》読むとも行はず。苟《まこと》に読みて之を行はば、則ち千万世《ばんせ》と雖も得て尽す可からず。噫《ああ》、復た何をか言はん。然りと雖も知る所有り、言はざること能はざるは人の至情なり。古人は諸《こ》れを古《いにしへ》に言ひ、今我は諸れを今に言ふ、亦た詎《なん》ぞ傷《やぶ》らむ。士規七則を作る。

一、凡そ生まれて人たらば、宜しく人の禽獣に異なる所以を知るべし。蓋《けだ》し人に五倫《ごりん》有り。而して君臣父子を最も大なりと為す。故に人の人たる所以は忠孝を本と為す。

一、凡そ皇国《こうこく》に生まれては、宜しく吾が宇内《うだい》に尊き所以を知るべし。蓋し皇朝《こうちょう》は万葉《まんよう》一統にして、邦国《ほうこく》の士大夫、世々に禄位を襲《つ》ぐ。人君は民を養ひて祖業を続《つ》ぎ給ひ、臣民は君に忠して父志《ふし》を継ぐ。君臣一体、忠孝一致なるは、唯だ吾が国を然りと為す。

一、士の道は義より大なるは莫し。義は勇に因りて行はれ、勇は義に因りて長ず。

一、士の行は質実欺かざるを以て要と為し、巧詐《こうさ》文過《ぶんすぐ》るを以て恥と為す。公明正大、皆な是に由り出づ。

一、人、古今に通ぜず、聖賢を師とせずんば則ち鄙夫《ひふ》のみ。書を読み友を尚ぶは君子の事なり。

一、徳を成し材を達す、師恩友益《しおんゆうえき》多きに居る。故に君子は交遊を慎む。

一、死して後已《や》むの四字は言簡《げん》にして義広し。堅忍果決、確乎として抜く可からざる者は、是を舎《お》いて術《すべ》無きなり。
右、士規七則は、約して三端と為す。

曰く、志を立て以て万事の源と為し、交わりを選び以て仁義の行を輔《たす》け、書を読み以て聖賢の訓を稽《かんが》ふ。

士、苟くも此に得る有らば、亦た以て成人と為す可し」

現代語訳をすると、

「書物にあふれる偉大な言葉の数々は我々の心に迫ってくる。しかし、今の人々はこの目前にある良い書物を読まず、読んだとしても実行をしないようである。

本当に読んで、その通りにおこなったならば千年万年経っても受け継ぐに足るものなのである。ああ、また何をか言うべきことがあろうか。そうは言っても、人というものは良い教えを知ったからには、言わずにはおられないものである。だから昔の人は色々と言っているし、今日私もまた余計なことを言ってもあえて差し支えなかろうではないか。この士規七則も昔の人々が言ったことばかりだが、右のような次第で作ったのである。

一、およそ人として生まれたのならば、人が鳥や動物とは異なる所以を知らなければならない。そもそも人には五倫（五つの道徳）があり、その中でも特に君臣の義と父子の関係が最も重要である。だから人が人である所以は忠義と孝行が基本である。
一、およそこの日本に生まれたのならば、我が日本の偉大なる所を知るべきである。日本は万世一系にして、地位ある者たちはその身分を世襲し、人君は民を養いて祖宗の功業を継ぎ、臣民は君に忠義を尽くして祖先の志を継ぐ。こうして君臣一体、忠孝一致となる。これは我が国だけの特色といえる。。
一、士の道において最も大切なのは義である。勇気は義を知ることによっておこなわれ、勇は義によって大きく成長する。
一、士のおこないは質朴実直で人を欺かないことが肝要であり、人を欺き自分を飾ることは恥とする。正しき道義をおこない良心に恥じるところがないことは、これらの理由からである。
一、人間として古今の出来事に通ぜず、聖賢を師としない者は心の貧しい人間である。だから読書して、それらを友にすることは君子のなすべきことである。
一、徳を磨き優れた人材になるには、師の教えと友人との切磋琢磨をどれだけ経験するかである。だから君子は人との交友は慎重におこなわなければならない。

一、『死して後已《や》む』の四字は簡単な言葉だが、意味は大きい。意思が固く忍耐強く、決断力があり、何事においても動じない者は、この言葉が最適である。

この士規七則は、要約すれば三点である。即ち『志を立てることを全ての始まりとする』『交流する相手を選ぶことで仁義の行為を学ぶ』『書を読み聖人の遺訓を学ぶ』武士たる者は、もしこの言葉に得ることがあれば、完成された人物だとするべきである」

松陰と乃木は面会することはなかったが、「其の教訓、其の感化は間接とは云へ、深く予の骨髄に浸潤《しんじゅん》して、幼少より此年に至るまで、行住坐臥《ぎょうじゅうざが》、常に先生の教訓に背かざらん事を力めて居る」「予の受けた先生の薫化は、皆な間接的であるが、玉木翁及び其夫人から一挙一動に就いて、先生を模範として訓戒されたので実に怠るべからざるものが沢山ある」と述べるように、乃木に強い影響を与えた。

†乃木愚将論の当否

その後、明治政府が陸軍を創設すると、明治四年（一八七一）に乃木は陸軍少佐として任官するも、西南戦争の田原坂の戦いで連隊旗を紛失してしまう。これが終生、乃木を苦しめることになる。

しかしドイツ留学して戦術等を学んだことが大きな転機となり、日清戦争では第一旅団長として旅順を攻略。その後、陸軍中将へと昇進すると台湾総督に就任した。日露戦争では陸軍大将となり第三軍を指揮し、近代要塞へと変貌した旅順要塞を三度にわたる総攻撃で、旅順要塞司令官ステッセル中将を降伏させ水師営で会見した。

当時、勝軍の将と敗軍の将は差をつけるのは当たり前で、ステッセル中将は武器を取り上げられて当然であったが、「武人の名誉を保たしむべし」と帯刀を許したうえ、会見後の写真撮影についても「後世まで恥を残すような写真を撮らせることは、日本の武士道精神が許さない」として断り、「会見が終わり、友人として同列に並んだところならよい」として両軍の幕僚が並ぶ写真だけが撮影された。

その後、奉天会戦ではロシア軍と再び激闘を繰り広げ、勝利に大きく貢献した。

日露戦争後は学習院院長となり、昭和天皇の御教育を任されたが、明治天皇が崩御され大葬の日、赤坂の自宅で殉死し、夫人もその後を追った。

乃木は司馬遼太郎の『坂の上の雲』で酷評されたこともあり、乃木愚将論というのが未だに根深くあるのも事実である。

乃木愚将論への反論は、桑原嶽『乃木希典と日露戦争の真実』（ＰＨＰ研究所）があるので割愛するが、最大の非難対象であろう旅順要塞攻略戦は、当初、第三軍は旅順包囲の目的で編成されたが、海軍より旅順艦隊撃滅のため要塞攻撃を強く求められ、攻撃へと踏み切ったことが悲劇の発端となる。

南山攻略戦と異なり要塞内部の情報もない状況で攻撃命令が下ったため、やむを得ず総攻撃に先立ち十一万発を超える前例なき砲撃を加えた後に総攻撃を開始したように、念には念を入れた作戦も半永久堡塁を中心に、緊密に相互支援する砲火にさらされ作戦は失敗した。

第二回総攻撃は二十八サンチ砲の砲撃により火薬庫を破壊するなど大打撃を与え、日本軍以上の損害を露軍に与えるが攻撃が行きづまり攻撃を中止した。

第三回総攻撃では第三軍は望台を攻撃するが反撃が激しく、主攻を二〇三高地へ変更し占領した。そして海軍の要請に応じ、直ちに同地に観測所を設け旅順港の艦隊へ砲火を浴びせ撃滅した。だが旅順艦隊はすでに艦載砲を外し、乗組員もおらず戦闘能力を失っていた。

旅順要塞は第三軍が望台を占領したときに降伏したのであり、二〇三高地を過大評価するのは誤りである。また二〇三高地攻略は児玉源太郎満州軍総参謀長が実施したという説も誤りであり、実際は第三軍参謀の白井二郎中佐が進言して実現している。

203高地（乃木神社提供）

日露戦争の陸上における最終決戦となった奉天会戦では、第一軍でロシア軍の左側を、旅順要塞攻略戦で疲弊した乃木軍は休ませる意味も兼ね、右側背に回すべく老兵などを配置していたが、ロシア軍は旅順要塞を陥落させた第三軍を恐れ、攻撃の重点を第三軍に集中した。

疲弊していた第三軍は精強なロシア軍と正面から戦うことになり苦戦を強いられ、壊滅寸前となる。しかしロシア軍は秋山好古《よしふる》陸軍少将（一八五九〜一九三〇。のち陸軍大将。後述する秋山真之の兄）率いる秋山支隊に退路を遮断されることを恐れ、突如退却を開始。帝国陸軍は反撃に転じて奉天を占領することに成功した。

†乃木希典の山鹿素行信奉

乃木は山鹿素行を信奉しており、『武教講録』を印刷して公刊しようとしたところ、吉田松陰の甥である吉田庫三《くらぞう》（一八六七〜一九二二）が喜んで原本を提供したことが伝えられている。

また同年に開催された素行祭の祭文に乃木が、

山鹿素行先生ヲ祭ル文

明治四十年十二月二十九日、陸軍大将乃木希典謹ミ誠ヲ致シテ贈正四位素行山鹿先生ノ霊ヲ祭ル。先生、徳一世ニ高ク、識古今ニ喩《たと》エ、学問該博、議論卓抜、夙《つと》ニ国体ノ精華《せいか》ヲ発揮シ、中外ノ別ヲ明ニシ、名分ヲ正シ士道ヲ説キ、志、経綸ニ存シ、才、文武ヲ兼ス。而シテ不幸、世ニ遭ハズ。轗軻《かんか》困頓《こんとん》（志を得ず疲れ果てること）、終ニ偉大ノ抱負ヲ実用ニ施ス能ハズシテ逝クナリ。惜ムベキカナ。然レトモ先生ノ学徳、当世ヲ籠罩《ろうとう》（覆うこと）シ、業ヲ受ケ益ヲ請フ者、前後数千人ノ多キニ上リ、且、先生既ニ歿シテ其兵学盛ニ行ハレ、遺著永ク存シ、風ヲ聞キテ興起スル者、亦尠《またすくな》シトセス。曩《さ》キニ先生ノ遺著、長クモ乙夜ノ覧ニ達シ、今又、特ニ正四位ヲ贈ラセ給ヘリ。嗚呼、聖慮宏大、其学徳ノ世道人心ニ裨益《ひえき》（役立つこと）アルヲ叡感《えいかん》（天皇が褒めること）アラセラレ、優恩先哲ニ及ブ。洵《まこと》ニ昭代《しょうだい》（太平の世）ノ盛事ト称シ奉ルベシ。希典幼児師父ノ教ヘニ従ヒ、先生ノ遺著ヲ読ミ、窃《ひそか》ニ高風ヲ欽《きん》シ（敬うこと）、仰テ武士ノ典型トナサンコトヲ期セシニ、不肖、残軀《ざんく》（余生）聖明ニ遭遇シ、涓埃《けんあい》（非常に小さな）ノ労ナクシテ、叨《みだ》リニ寵眷《ちょうけん》（寵愛して特別に目をかけること）ヲ荷フモノソ、実ニ先生の遺訓ヲ服膺《ふくよう》スルノ賜モノト謂ハサルヲ得ズ。今昔ヲ俯仰《ふぎょう》（見回して）シテ感慨殊ニ切ナリ。茲《ここ》ニ花一朶《いちだ》（花を一枝）香一炷《いっしゅ》（香のひとくゆり）ヲ奠《てん》シ、先生ノ霊ヲ祭ル。尚クハ之ヲ饗《う》ケヨ

と詠んでいるように、素行への尊崇の念をうかがうことができる。

日露戦争後、乃木は明治天皇の信任厚く、「華族教育の事、総て卿に一任す」という勅命とともに、学習院院長に任じられた。当時、学習院は奢侈《しゃし》に流れる風潮が強かったため、この風潮を変えるべく、山鹿素行、吉田松陰流の流儀を修身教科書に指定し、武士道精神を学習院に注入することになる。

ある日、学習院の生徒が『中朝事実』を説く乃木に「個人の自讃は見苦しいが、国家はそうではないのか？」と質問したところ、

「うむ。自讃は自惚《うぬぼ》れじゃよ。自讃と自信はハッキリと区別せねばならぬ。五のものを十と見せるは自惚れじゃ。しかし、五のものを二と見下すは卑屈じゃ。五のものを五と正しく認識するのが自信じゃよ。自信は信念を生み、信念は自尊を生むものじゃ。正しき日本

山鹿素行墓前で祭文を読む乃木大将（乃木神社提供）

国のあるがままの大精神を知って、大自信を生ぜよと教えてあるのじゃ」と答えたという。ここに素行、松陰、乃木と続く山鹿流兵学思想の系譜の一端を見出すことができるのではないか。

乃木は明治四十年頃より日本の国体に関する名著を自費出版して、同志や学生等に配布している。その出版物は、①『配所残筆』、②『孫子評註』、③『中朝事実』、④『国基』、⑤『九経談総論評説』、⑥『武教小学・武教本論合本』、⑦『武教講録』、⑧『志基農玖賀《しきのくが》陀智《だち》』、⑨『中興鑑言』、⑩『中朝事実跋文附録』、⑪『紀維貞略伝』、⑫『少年国民軍編成趣旨』となるが、①②③⑥⑦⑩は素行と松陰の著書であることから、後世にその思想を伝えようとしたことがわかる。

また乃木が殉死する前、昭和天皇に拝謁した際、『中朝事実』を持参して「この本は実に立派な本であります。今にご成人遊ばしますれば、お読みくださいますようお願い申し上げます。大事と思う所には、私が朱で点をつけてございますから……」と述べたという。『中朝事実』は言うまでもなく山鹿素行の著書であり、日本の皇統が絶えることなく外国より侵されたこともなく、知仁勇の三徳において外国よりも秀でた国であることを述べたものであるが、乃木は昭和天皇にこの『中朝事実』とともに『中興鑑言《ちゆうこうかんげん》』も謹呈している。『中興鑑言』は水戸藩の彰考館《しようこうかん》総裁であり、朝鮮使節接待役となった三宅観瀾《かんらん》（一六七四〜一七一八）の著書であり、建武の中興は復讐であって正義ではないと後醍醐天皇を強烈に批判した内容となっている。

つまり乃木は昭和天皇に日本は外国より優れた国であることを教える一方、それに慢心して人望を失うことがあっては、亡国の憂いを見ることを教えたのである。

後日、乃木の殉死と辞世を聞いた昭和天皇は「御落涙」されたという。明治天皇の崩御でも大正天皇の崩御でも涙を流したとは記されていない昭和天皇が、学習院院長で教育係でもあった乃木に対しては格別の思いを持っておられたのである。

†日本兵学を復活させた秋山真之

帝国海軍も明治二十一年に海軍大学校が創設され、兵術教官の島村速雄少佐（一八五八〜一九二三。のち海軍大臣、元帥海軍大将）が日清戦争や西洋兵学について教えたが、主な海軍戦法は陸軍の戦略・戦術を海軍に応用する程度であったという（平間洋一「『孫子』の兵法と日本海軍」『日本歴史』第五二〇号、一九九一年九月）。

日本兵学は日露戦争によって思わぬ形で復活する。秋山真之海軍中将による秋山軍学である。

秋山は明治二十三年（一八九〇）に海軍兵学校を首席で卒業すると、明治三〇年（一八九七）にはアメリカへ留学。米西戦争を観戦するとともに戦略家であるマハン大佐（一八四〇〜一九一四）に師事したことで、秋山軍学の形成へ大きな前進を見せることになる。

マハン大佐はアメリカの海軍大学校長であり有名な『海上権力史論』を発表。海上権力の重要性をイギリスが発展した理由と照らし合わせつつ、大海軍主義を提唱した。

マハン大佐は秋山に、海軍戦術は海軍大学における数カ月の課程で学べるものではなく、自ら古今の陸海戦史を読んで徹底的に研究することを勧め、秋山はこれを忠実に実行した。

帰国すると留学の成果として兵棋《へいぎ》演習を取り入れ、それを組織化、合理化することで帝国海軍の兵学思想に大きな影響を与えることになった。

日露戦争では連合艦隊参謀として、数々の作戦を立案し、日本海海戦では「本日天気晴朗ナレドモ浪高シ」を起草している。

秋山は国防について、国土の状況によって左右されるもので「独自」であるべきだと考え、国情も地形も違う外国の兵学をそのまま用いることは危険だと感じていた。

そこで秋山は海軍兵術を組織化し、「戦略」（戦争又は戦役の全局を考察し、軍の配備等の全体を扱う）、「戦術」（敵軍との交戦でどのような隊形で戦うか）、「戦務」（戦略・戦術を補佐する事務であり、補給等が含まれる）に分け、さらにこれを「基本」「応用」に分けた。

秋山は自らの兵学思想を完成させるため西洋兵学は当然として、『孫子』『呉子』などの中国兵学、さらには日本兵学の兵学書まで和漢洋を問わず読み漁った。

日本海海戦を制した旗艦三笠

特に秋山が愛読したものは、日本兵学では甲州流兵学、山鹿流兵学に関する兵学書であり、中国では『孫子』『呉子』、西洋ではブルーメの『戦略論』であり、特に川中島の戦いは詳細に研究し、一部は日本海海戦にも応用されたという（秋山真之会編『提督秋山真之』岩波書店）。

秋山は自らの兵学思想として「殺敵」ではなく、『孫子』の「百戦百勝は、善の善なるものにあらざるなり。戦わずして人の兵を屈するは、善の善なるものなり」を重視した独創的な戦略を編み出した。

また「戦略の要訣は天地人の利を得るにあり」と述べ、天（時。どのタイミングで敵と戦うか。どのような天候でどのような作戦をとるか）、地（場所。どの地点で自軍と敵軍が交戦するか）、人（どのような統帥の下にどのような軍を配置するか。どのように主将の命令を徹底させるか。どのようにすれば敵の連携を断てるか）とし、これらを研究することが戦略・戦術の主眼だと説いたのだった。

†村上水軍の兵書に学ぶ

秋山は明治三十二年（一八九九）、入院していた際に小笠原長生《おがさわらながのり》（一八六七～一九五八。のち海軍中将。宮中顧問官）が持参してきた本の中に「野島流海軍古法」という兵学書があるのを見つけた。

日本の水軍は南北朝時代から発展していくが、野島流とはそれらを束ねた伊予《いよ》（現、愛媛県）大島を本拠として海賊大将とよばれた村上義弘率いる村上水軍の一派であった。

一週間後、小笠原が再び秋山を見舞いにいくと、「実に有益な本だ。あれを活用したら立派な戦術ができる」と言ったため、それ以外の日本兵学に関する書籍も持参した。

その結果、秋山は

一、水軍の根本主義とする所は常に我が全力を挙げて敵の分力を撃破するに存する事。
二、常に長蛇の陣を以て基本陣形となせる事（長蛇の陣というものは今日の縦陣を指すのである。何故に有利かといへば長蛇の陣は如何なる陣形にも変化し易く、従つて敵を包囲するに便利だと水軍書にある）
三、外来の戦術は物質上体形上には種々研究が積んでいるが、精神上の修練には欠くる所がある。日本中古の水軍に至つては即ち深く主将等の心得も論じている。

と日本兵学から三点の特長を捉えて秋山軍学に組み込んだ（前掲『提督秋山真之』）。

日露戦争後、小笠原が戦史編纂のため秋山に会った際、「どうも、どことなく水軍の匂いがするようだね」と言うと、秋山は「白砂糖は黒砂糖からできるよ」と笑ったという。

具体的には敵前回頭による丁字《ていじ》戦法《せんぽう》、それに続く敵旗艦・先頭艦への集中攻撃戦法は日本水軍固有の戦法であり、村上水軍の兵書を用いたものだと言われている。

また日本海海戦の七段構え戦法は上杉謙信の車懸りの陣を参考にしたとも言われている。

七段構え戦法とは丁字戦法の致命的弱点を補完するため、四日間の戦いを想定したものであり、

第一段　主力決戦前夜、全駆逐艦部隊と水雷艇による奇襲雷撃
第二段　連合艦隊の主力艦隊による敵主力艦隊への総攻撃（丁字戦法）
第三・四段　昼間決戦のあった夜、再度駆逐艦と水雷艇による奇襲雷撃
第五・六段　夜明け後、主力艦隊による追撃と砲雷撃による撃滅
第七段　残存艦隊を事前に敷設したウラジオストック港の機雷原に追い込み撃滅

であった。

しかしながら、丁字戦法の「先頭艦を複数で叩く」という発想は、秋山の先輩である山《やま》屋《や》他《た》人《にん》海軍中佐（一八六六〜一九四〇。のち海軍大将）が考案していた「円戦術」との類似性が指摘されており、上司である島村速雄海軍少将も類似作戦を考案していたともいう。

そして当時のニューヨークの『イーグル』紙は、

「日本の勤皇心は、不思議にもその政治家または武人の功績を、天皇のご威徳によるものとする。たとえば東郷提督は対馬海峡における全勝を天皇陛下のご威徳であると公言し、

乃木大将も旅順港におけるロシアの防備を破壊した勇士を感奮させたものは陛下であると言い、黒木大将も鴨緑江の横断を陛下のご威徳によるものとし、大山大将の奉天の戦勝もまた同様である。それなのに西洋人はこのような日本人の天皇に対する崇敬心を嘲笑的冷笑をもってし、これが単に封建時代から伝わった礼式ではなくすべては国民的特性であることを見落としている」

と指摘した。このように、日露戦争の帝国海軍の勝利は西洋兵学、中国兵学、海軍の俊才たちによる鋭敏な頭脳、そして日本兵学の思想が息づいていたのである（名越二荒之助・拳骨拓史『これだけは伝えたい武士道のこころ』晋遊舎）。

3　日本兵学の曲解がもたらした敗戦

†古典への回帰と帝国陸軍の失敗

日露戦争で勝利を収めた日本は、〝古典への回帰〟を強めることになる。

その一つの動きが冨山房から出版された「漢文大系」である。日露戦争が終結した明治四十二年（一九〇九）から大正五年（一九一六）にかけて当時の名立たる和漢両学会の最高の研究書が全二十二巻にまとめて出版されたのである。

本大系の出版は西洋学にのめりこみ、漢学読解の力を失いつつある学生を嘆き、本大系を世に問うことでこれらを救済せんと考えたのであるが、これにより当時一大漢学ブームを巻き起こした。

この漢学ブームは日本人の東洋思想への回帰というべきもので、欧州列強の脅威に恐れおののいた時代からの脱却だったと言えるだろう。自分たちの思想を再び省みようという動きが出てきたのである。

この動きは帝国陸海軍も同様であったが、特に帝国陸軍においては日本兵学に回帰するのではなく、日露戦争の戦訓から「我が民族の独自性」を導き出し、それを戦訓に活かそうとする動きが強まっていく。

帝国陸軍はそれまでのドイツ歩兵操典の翻訳から脱却し、日本独自の『歩兵操典』をつくる作業が日露戦争終戦の翌年である明治三十九年七月から始まった（明治四十二年に制定発布された）。

明治四十二年版の『歩兵操典』と日露戦争前の『歩兵操典』（明治三十一年）の最大の違いは、「小火器火力主義」から「白兵銃剣突撃主義」へと変貌したことである。

だが後述するように日露戦争の教訓と「白兵銃剣突撃主義」は全く整合していない。

それにもかかわらず、帝国陸軍は日露戦争後の反省を踏まえ（たとし）、戦勝後の果敢な追撃による殲滅戦と攻撃精神をさらに強調するなど自主的な改訂をおこない、より攻撃性の高いものになっていくことになる。

その究極たるものは、『統帥綱領《とうすいこうりょう》』であった。

『統帥綱領』とは主として高級指揮官に対し、方面軍及び軍統帥に関する要綱を示すもので、これを読めば帝国陸軍の戦法や作戦計画が分かるため軍事機密とされていた。

武藤章陸軍少佐（一八九二〜一九四八。のち陸軍中将）は「クラウゼヴィッツ、孫子の比較研究」（『偕行』昭和八年六月号）にて、

「モルダック将軍は其著『戦略』に於て日本に戦略の書なきが故に日本の戦略は日露戦争の実績に就て判断するの外なしと云へり。吾人は兵学書の多きを推賞せず。吾人は『〇〇綱領』なる日本独特の戦略書を有するを以て満足す」

と述べ、『統帥綱領』への信を認めている。

『統帥綱領』の発想もやはりドイツに起因し、日露戦争の教訓をドイツ軍の幕僚以上が学ぶための参考書として「大軍帥兵の必携書」を制定したものである。

†『統帥綱領』における過度の精神主義の強調

ていった。

『統帥綱領』はやがて帝国陸軍に輸入され、第一次大戦の教訓等を加えて順次、改訂されていった。

特に大正時代は列強と比べて国力が貧困であったため、それを補完するため物的戦力を凌駕するような精神主義を強調し始めることになる。

こうして荒木貞夫少将（一八七七〜一九六六。のち陸軍大将、陸軍大臣）が作戦計画担当者の思想統一を図るべく、皇軍の本義に基づいた『統帥綱領』を確定し、昭和三年（一九二八）に鈴木荘六《そうろく》陸軍大将（一八六五〜一九四〇）が参謀総長の時代に完成して陸軍大学校の学生に大きな影響を与えた。

『統帥綱領』は終戦とともに焼却されたが、戦後、内容を暗唱していた旧帝国陸軍の幹部たちにより記憶をつなぎ合わせて復刻された（大橋武夫『統帥綱領』建帛社）。

その第一章である「統帥」には、

「統帥の中心たり、原動力たるものは、実に将帥にして、古来、軍の勝敗はその軍隊よりも、むしろ将帥に負うところ大なり。戦勝は、将帥が勝利を信ずるに始まり、敗戦は、将帥が戦敗を自認するによりて生ず。故に、戦いに最後の判決を与えうるものは、実に将帥にあり」

第二項には、

「将帥の責務は、あらゆる状況を制して、戦勝を獲得するにあり。故に、将帥に欠くべからざるものは、将帥たるの責任感と戦勝に対する信念にして、この責任感と信念とは、その人の性格と普段の研鑽修養とにより生ず。将帥の価値は、その責任感と信念との失われたる瞬間において消滅す」

とあるように『統帥綱領』は大軍の統帥に必要な無形的精神要素を重視したほか、決戦主義の思想で貫かれている。そのため本書を読むことで、どのようなプロセスで「決戦」にもつれ込ませるかという手法を学びとることができた。

しかしながら防御や退却が作戦一般の項目ではなく、特別の項で扱われるなどしたことは、戦理を学ばなければならない学生に「精神主義」を強調し過ぎることになり、後年の悲劇を招く一因が潜んでいたと言わざるを得ない。

特に問題とすべきは、『統帥綱領』において、

「けだし晩近《ばんきん》の物質的進歩は著大なるをもって、妄りにその威力を軽視すべからずといえども、勝敗の主因は依然として精神的要素に存すること古来変わる所なければなり」

と述べている点である。古来の戦史を鑑みれば、棍棒、青銅器、鉄器、火薬ができて銃が

生まれたように、常に新兵器を用いたものが勝利を得てきたことは、ナポレオン戦争を例に挙げるまでもなく明らかである。だが『統帥綱領』はこの戦史を省みることなく精神主義を過度に鼓吹した。

杉之尾《すぎのお》宜生《よしお》元防衛大学校教授は、二等陸佐の時代に『統帥綱領』を読んだ際、第一印象で「史上最低最悪な軍事教義書である」と衝撃を受け、このような偏狭な物の見方や考え方では、ソ連軍やアメリカ軍に対応できなかったのはやむを得なかったと「投了」したという。

無論、前述したように日本が精神主義を強調しなければならない理由はあった。第一次世界大戦で欧州列強が近代化していく中、日本には国防予算の追加もなく、追従するだけの重化学工業が存在しなかったからである。

日本は第一次世界大戦に参戦はしたものの、欧米諸国よりも現代戦の本質的性格について認知度が低く、総力戦の準備について着意はあったが具体性には欠けていたと思われる。

山梨軍縮や宇垣軍縮などにより「科学技術の応用と促進」、「欧米への追随からの脱却」を狙って編制・装備を改善して戦力の低下を「質」で補い、日露戦争型から近代化を目指そうとしたが、関東大震災や経済恐慌、満州事変等のため近代化は想定通りには進捗せず、そのままズルズルと支那事変に引きずり込まれ、欧州列強と比べて劣勢な状態で大東亜戦争へと突き進むことになった。

軍は近代化を軽視したと、現代でも軽々に批判される原因は確かにあるが、決して無為無策であった訳ではない。しかしながら日本兵学及びメッケル少佐以降の帝国陸軍のドクトリンにおいて、兵器の優劣が勝敗の決定差になると見通せたかについては疑念の余地がある。

†落合中将『孫子例解』と山鹿素行

近代化に迫られたのは帝国海軍も同様であった。

第一次世界大戦後のワシントン条約やロンドン条約によって劣勢な状態で欧米の海軍と戦わなければならない状況になったことで、海軍は巡洋艦や駆逐艦を主体とする水雷戦術や奇襲などに注力していくことになる。

それに伴い東洋思想への回帰も進み、東京湾要塞司令官等を歴任した落合豊三郎陸軍中将（一八六一〜一九三四）の『孫子例解』（軍事教育会）などは、帝国海軍では教育常備図書に指定された。

先掲した平間洋一「『孫子』の兵法と日本海軍」によると『孫子例解』は駆逐艦以上の全海上部隊、学校や各鎮守府など総ての陸上機関や部隊に配布されていたが、クラウゼヴイッツの『戦争論』やマハン大佐の『海軍戦略』などは学校などの教育機関や各鎮守府文庫と戦隊以上の海上部隊の司令部にしか配布されなかったという。
　落合中将の『孫子例解』を見ると、山鹿素行の『孫子』からの影響を強く読み取ることができる。その序文に
「独り山鹿素行子は、篤学者たり。兵学者たるの識見を以て、広く諸家の説を比較対照し、其正否を断定して、孫子諺義《げんぎ》を著せり。（中略）此に於て予は、素行子諺義の要点を骨子として、荻生氏（荻生徂徠）の註釈を参酌し（中略）一書を編して私に孫子例解と名づく」
と言うように、本文でも度々素行の説を「素行子の所論は明晰適切にして実用的なり」として紹介している。

†日本兵学『闘戦経』と帝国海軍

　昭和の帝国海軍に影響を与えた日本兵学として欠かすことができないのは、『闘戦経《とうせんきょう》』である。寺本武治《てらもとたけじ》海軍少将（一八八四〜一九五八）が海軍大学校で日本最古という『闘戦経』の講義を始め、精神的要素の重要性を強調した。

『闘戦経』は「序」によれば、日本の兵法の蘊蓄《うんちく》を極めた兵学書であり、大江家に伝わる古書だという。源義家が後三年の合戦で雁行の群れを見て伏兵を察したのも、源実朝が鶴

岡八幡宮に参詣した際、鳩の異様な鳴き声を聞いて変事を察したのも『闘戦経』によるものだと言う。残念ながら虫に食われネズミにかじられたため、著者名はわからないが大江維時か匡房の著書ではないかと書かれている。

『闘戦経』は日本独自の思想を高唱し、『孫子』を批判したことに特色がある。

その第一章は、

「我が武は天地に在《あ》りて初《はじ》む。而して一気に、天地を両《ふた》つにす。雛の卵を割るがごとし。故に我が道は、万物の根源にして百家の権輿《けんよ》なり」

と言い、第二章に、

「此を一と為し、彼を二と為す。何ぞ以て翼を輪《りん》に諭《たと》ふるか。奈何《いかん》となれば、固帯華信《こたいかしん》を載《の》するや。天祖先《ま》づ瓊鋒《にほう》を以て磤馭《いんし》を造れり」

とあるように、第一章では『古事記』『日本書紀』の天地開闢を、第二章は国土生成を指しており、我が武すなわち『闘戦経』の説く武とは、譎詐《きっさ》を本としない正義の道であり、日本の始まりは天沼矛より滴り落ちた滴《しずく》によって、オノコロ島が生まれたことを示し、日本の武とは万物を育む武であることを示している。

しかしながら『闘戦経』は第五章の、

「天、剛毅を以て傾かず。地、剛毅を以て堕せず。神、剛毅を以て滅せず。僊《せん》、剛毅を以て死せず」

第八章の、

「漢文、詭譎《きけつ》あり、倭教《わきよう》、真鋭《しんえい》を説く。詭なる哉、詭なる哉。鋭なる哉、鋭なる哉。狐《きつね》を以て狗《いぬ》を捕へんか、狗を以て狐を捕へんか」

とあるように、剛毅こそが日本の武であり、漢文（『孫子』）は詭譎（筆者注――欺くこと）を説くに過ぎないとし、真鋭を旨とする日本兵学は貴いとした。そのため第十三章では、

「孫子十三篇、懼《く》の字を免れざる也」

として『孫子』は臆病だと批判する一方、『呉子』については第二十三章に、

「呉起の書六篇、常を説くを庶幾《ちか》し」

として『呉子』は常の道を説いており理想に近いと高く評価している。

『闘戦経』は『孫子』の「五事七計」（一三一頁）などはいずれも人を頼るがゆえに、人を恐れる思想だと曲解している。一方で『呉子』は正常の道を説いており、奇変を説かなかったと評価しているのである。だが『呉子』には「応変篇」という奇変を説く篇が存在しているのだが、『闘戦経』はそれを見なかったことにして『孫子』を叩くことだけに注力した。

では『闘戦経』の求める戦の道とはどのようなものか。それは第九章で、

「兵の道にある者は能《よ》く戦うのみ」
と兵の道における必勝の要訣は、真鋭を以て正々堂々とよく戦うことだと述べている。

海軍大学校（高島信義編『日本陸海軍写真帖』史伝編纂所、1903年）

†海軍の「おごり」と合理的精神の軽視

寺本少将はこの『闘戦経』を高く評価し、戦場では直観による判断も重要であるとして『孫子』や西洋兵学などの合理的な判断を軽視していった。

徳永栄海軍中将が訳注を施した『孫子の真実』の序論には、寺本少将の講義を受けた体験として、

「昭和の初め寺本武治氏が海軍大学で闘戦経を主とする日本兵術の講義を始められて以来、兵術要素としての体ということが海軍軍人の注意を引くようになり、特に若い人の間に礼賛者が出てきた。私は当時大学校の学生で第一回の講義を聞いた者であるが、寺本氏の講義は中々難しく薩張《さっぱ》り解らなかった。歴代の大分の学生諸君も恐らくそうであったろう。(中略) 兵術としては用を欠き体としても極めて偏ったものとなってしまい、結局闘戦経と銘打ち乍《なが》ら実際は余

り使えないものとなってしまっている。だから孫子の詭道が全く読めていないのも当たり前である」「此の闘戦経の欠陥が其の儘《まま》に承《う》け継がれ、技術としての兵術は殆ど見るべき発展はなく、個人の武勇ばかり推賞せらるる結果となった」と『闘戦経』を批判している。

岡村誠之陸軍大佐（一九〇四〜一九七四）に至っては『現代に生きる孫子の兵法』（産業図書）で、

「先にも述べた『闘戦経』などという昔の日本の兵書でも、用兵作戦の領域においてすら奇道を抹殺しようとしている。すでに述べたが、そういう硬直な朴念仁《ぼくねんじん》では、人の世に生活することもむつかしく、ましてや何一つ仕事という仕事ができるとは思われない」

と酷評している。

しかし『闘戦経』は大東亜戦争が近づくにつれ、山屋他人の長男である山屋太郎海軍中佐（のち海軍大佐）が「日本古兵術と其の特質」（『水交社記事』第三十八巻第一号、昭和十四年二月）において、

「日本兵術の特徴の一は、旺盛なる攻撃精神を強調している点である」

としたうえで『闘戦経』等の文言を引用し、

「以上に依り、皇軍の旺盛なる攻撃精神は一朝一夕に育成せられたものでなく、古来の立

派な伝統であり、其の淵源を日本精神に発していることを概ね理解し得るであろう」と述べている。

また佐藤波蔵《なみぞう》海軍少将（一八九〇〜一九四七）は「孫子管見」（『水交社記事』第三十七巻第三号、一九三八年九月）において、

「孫子は兵戦科学を総合した観があり超理智的最高事象を認めては居る。しかし、これに深入りしていない。『心を清く明るくし、神を信じて作戦を企画せよ』と教える日本の兵術書（楠妙要）とは程遠い感がある。此の点から孫子は日本兵法の下にあると見ざるを得ない」

と、日本は「神武の国であり『まこと』の国」であるため、日本は正々堂々と戦うべきで中国の『孫子』のような戦い方をするべきではない」という意見が大勢を占めていく。

佐藤少将は次の号にも「日本の古兵法を生かせ」（『水交社記事』第三十八巻第一号、一九三九年二月）を著し、

「勿論徳川時代迄のものは儒仏の影響を受けたと言ふよりも、儒仏より出たと称す可きものが少なく無い。又多くの兵書中、聖人曰く、兵法に曰く等金科玉条として取り扱つてある章句は孫、呉、三略等より引用せるを常とし、恰《あたか》も支那兵書に追従して居る様であるが、之を精神的に見る時は全く純日本的である。則ち日本の武徳を説明する一要素として支那

兵書を利用して居るに過ぎぬ。之等の兵書は支那又は印度の思想を完全に消化し、日本武徳の内容を豊富ならしめて居るのである」

「日本の古兵書は支那の兵書の影響を受けては居るが、日本の武は極めて高級なるを以て、日本兵書は支那兵書よりも一段上を行つて居る（孫子管見と題せる前号の記事にも一寸此の点に触れて居る）。筆者は日本の兵書を以て世界兵書中の最高峰なりと信ずる者なるが、其の是非は兎も角、日本兵書が極めて高級なる分野を持つことは間違ひ無い。従つてかかる高級な兵書を生じたる日本の武が、如何に高級なるかは察せられると思ふ。唯余りに高級にして、今日の科学的兵術との距離過大なる為、動《やや》もすれば日本の武が忘却せられ易き点に遺憾が有る。

　今日の進歩せる科学的兵術と、日本固有なる武徳とを結びつけることは、昭和の軍人の重要なる任務にして且焦眉《しょうび》の急なりと信ず。

　日本の古兵法によりて、崇高深謀なる日本の大武徳に近づき、然る後此の精神を以て、現代の科学的兵戦に処する事が大切である」

とし、その最後を、

「闘戦経に曰く、剛を先にして兵を学ぶ者は勝主となり、兵を学びて剛に志す者は敗将となる。

我等の先輩は武門に生れて西洋文明に触れた故、家庭に於て剛に進み然る後兵を学ぶを得たが、武家の躾失《しつけ》はれ行き、之に代るものが確立せられざる今日に在りては、速に剛を得るの道を講ぜねばならぬ。日本古兵法は此の道を教えて居る」

として締めくくっている。（戦後になり『闘戦経』を新釈しようという動きはいくつかあるが、少なくとも戦時中ではこの様に解釈されてきたのは事実である）

平間洋一氏（元防衛大学校教授）は、「本研究を通じて強く感じたことは、『孫子の兵法』を高く評価していた時代の海軍は極めて健全であったが、孫子軽視が始まるとともに海軍の「おごり」が始まり堕落が始まったということである。この観点から孫子に対する評価の高低は、その組織・機関の知性のバロメーターであるといえないであろうか」と、自らの論文「『孫子』の兵法と日本海軍」を締めくくっている。

†日本武学研究所とその足跡

戦前の日本兵学復興の動きとして記述しなければならないのは、「日本武学研究所」の存在である。

発端は昭和十一年（一九三六）に軍事史学会が水交会で設立されたことに始まる。発起人には有坂銘蔵海軍中将、渡辺金造陸軍中将、中岡弥高陸軍中将、原田二郎陸軍少将、広瀬豊海軍大佐、有馬成甫海軍大佐、佐藤堅司陸軍士官学校教授などが集まり、発足とともに発起人は理事に就任した。

顧問は井上哲次郎、三上参次、白鳥庫吉、黒坂勝美、新村出、辻善之助、河野省三、徳富蘇峰、中山久四郎、平泉澄らが加わった。

この学会は、日本初となる軍事史を研究する学会であり、著名な陸海軍人や学者によって構成されていた。

以後は機関誌『軍事史研究』を発表し、軍事史の発展に寄与していたが、終戦によって学会は解散した（戦後、軍事史研究ができない状況を憂慮し、昭和三十七年「国防史学会」が発足し、昭和四十年には「軍事史学会」と改称して現在に至る）。

学会設立を契機に、佐藤堅司は、昭和十四年（一九三九）に日本兵学史研究所をつくり、皇戦会（後述）の後援の下にそれを発展的解消させて「日本武学研究所」を立ち上げた。

兵学書は日本に多くあるが、それらは限られた図書館や少数の研究者によって所蔵されているに過ぎず、多数の研究対象とはなり得ないため、「神武道を中核として日本武道の本義に徹したもの」「総力戦の見地よりして最も重要なもの」「各流武学書中採るべき価値があるもの」「明治以後の兵制を理解する資料となるもの」を発刊し、研究者を育成しようとしたものであった。

日本武学研究所の後援をした皇戦会は高嶋辰彦陸軍少将（一八九七〜一九七八）が組織していた。皇戦会は高嶋が構想する総力戦に各方面の学者や知識人を動員することを目指して、昭和十四年（一九三九）四月一日に設立され、

「日本精神の確固たる基盤の上に国民の思想を帰一強化し、欧米のアジア侵略の意図と戦略をつき、アジア解放の聖戦を強調し、思想戦の強化を計ることにあった」

とし、総力戦に基づく思想戦や学者への資金援助や便宜供与などをおこなった。

その経済的基盤は高嶋が東京や大阪の商工会議所の理事に要請し、主に関西の経済界から支援を受けることで成り立ったという。

高嶋がこのような活動に身を投じるに至ったのは、支那事変の「蔣介石を対手とせず」という近衛声明を受け、

「陛下の熱烈なる和平の御念願も空しく、我等半年の努力も実を結ばずして、事ここに至りたるを知る。実に千秋の恨事なり（中略）翌日さらに事実を確かめ、同室の秩父宮殿下をはじめ、一室満坐悲憤の涙にむせぶ」

と嘆く日々を過ごした際、九十九里浜で朝日の出に合わせて禊行《みそぎぎょう》を繰り返すと、

「日本の戦争はいくさであってたたかいではない。民草を生かす人道に沿った作用行動であって、たたきあい、殺しあいが最後の目的ではない。従って日本人の戦争に従事する者

は、わが身を大切にし、上官、部下、戦友と心を合わせて助け合い、行く先々の民をいつくしみ、不毛を開拓し、民を暴力から防衛し、民衆の安泰、正しい平和の確立を基礎づけるべき作用である。この目的にさえ沿う場合には、敵を殺すこともなるべく避けて、目的の達成を第一義とし、敵をも隔てぬ同仁のなさけ、已に逝きし戦友の遺言は、敵味方双方の供養をも行うべきものである」(坪内隆彦「皇道の理想を追い求めた孤高のエリート軍人　高嶋辰彦」『月刊日本』一五巻七号、通号一七一、二〇一一年七月)

と思い立ったことに始まる。

高嶋は以後、太陽神への信仰と日本兵学思想の研究に没頭し、昭和十三年(一九三八)に総力戦の理論構築を命じられると、皇道思想によって補完すべく『皇戦』を発表した。その序文には、

「此の世紀を貫く長期に亘るべき国家総力の戦ひは、我が国体の本義に徹し、正しき東亜乃至世界の再建を目指すとき、始めて悠久に亘って必ず勝つのである。本篇の目的とする所は、此の皇道に即する我が総力戦と、之れに依る世界維新に関する理念の検討である」

と述べている。

しかし昭和十五年十二月に高嶋はある青年将校が起こした事件に関連し、台湾歩兵第一連隊長として海南島へと左遷されてしまい、皇戦会も資金力が低下することになった。

高嶋はその後、各地を転戦し、第十二方面軍参謀長として終戦を迎えることになる。

日本武学研究所は明治以前における兵学書を編纂し、「日本武学大系」全三十巻の編纂に従事するものであった。その監修には中岡弥高陸軍中将、広瀬豊海軍大佐、有馬成甫海軍大佐、日本武学研究所所長佐藤堅司が当たり、編集主任は佐藤堅司、編集委員に軍事史学会で事務を担当していた石岡久夫(一九〇五〜二〇〇〇。のち国学院大学教授)、島田貞一(のち船橋市立図書館館長)という人々により運営されていた。

全三十巻に収斂されたのは次の二十集だった。

一、武道集(神武道篇、軍人精神篇、武士道篇、武術精神篇) 二、六国史武学精髄集
三、源家古法武学集 四、甲州流武学集 五、北条氏長武学集 六、山鹿素行武学集
七、越後流武学集 八、長沼流武学集 九、楠木流武学集 十、神軍伝武学集
十一、一全流武学集 十二、合伝流武学集 十三、松宮観山武学集
十四、大野武矩林子平武学集 十五、水戸武学集 十六、佐藤信淵武学集
十七、佐久間象山武学集 十八、吉田松陰武学集 十九、維新前先覚武学集
二十、兵制資料集

だが日本武学研究所は結果的に佐藤堅司による『日本武学史』（大東書館）と「日本武学大系」としては『佐藤信淵武学集』上・中巻（岩波書店、一九四二、一九四三）の二巻、都合三巻を世に送り出すにとどまった。『日本武学史』の序文には、その姉妹編として『日本武学』『日本流武学の発展』『日本兵法史』を出す構想だと記述されているが、これも資金難と終戦により頓挫《とんざ》するに至っている。

しかしながら、佐藤堅司の『日本武学史』は当然のこと、戦後に発表した『孫子の思想史的研究』『孫子の体系的研究』（両書とも、風間書房）は『孫子』研究ではなくてはならぬ必読書となり、薫陶を受けた石岡久夫の『日本兵法史』は日本兵学を考える上での必須の基礎資料となっている。また島田貞一も古武術に関する著書を発表するなど、「日本武学研究所」自体は成功と呼べる状態にはなり得なかったが、後学の研究者を育てる道しるべにはなり得ることはできたのである。

†日本兵学を曲解した帝国陸海軍

幕末から終戦までの経緯を簡単にまとめるとすれば、アヘン戦争以降、圧倒的に優れた西洋文化を目の当たりにし、自信を喪失した日本が日露戦争に勝利したことでこれを取り戻したものの、第一次世界大戦による総力戦と近代化の波に対応することができず、その不足分を日本兵学の持つ精神性によって補完しようと考えた。

しかしあくまで不足分を補うはずの精神性は帝国陸海軍の〝主力〟に転じ、市村久雄海軍中将が「大東亜戦争と孫子」（『有終』第三十巻第二号、昭和十八年二月）において、

「大東亜戦争は必ずしも算多くして戦を始めたものではない。算多くして勝つは凡将と雖も尚ほ且つ之れを能くする。算少くして勝つてこそ始めて名将たるの価値が生ずるのである」

と述べているように、物量を軽視して敗北を迎えたと考えることができるだろう。

そしてそれは東洋兵学や日本兵学の都合の良い解釈にも繋がっていく。大場弥平陸軍少将（一八八三〜一九六六）は「孫子とクラウゼヴィッツ——兵法談義」（『文藝春秋』第十五巻第十六号、昭和十二年十二月）で『孫子』の不戦屈敵主義について、

「孫子は、国内戦であり同胞戦であることを目標としている関係上、上乗至高の理想目標を高揚したばかりで、多くの人の見るような不戦主義でもなく、且殲滅戦を排斥しているのではない」

「孫子の戦略は攻勢である。即ち『勝つべからざるは守るなり。勝つべきは攻むるなり。守れば則ち足らず、攻むれば則ち余あり』（この訓読にもいろいろあるが）——何《い》づれにしても攻勢を以て戦を決すべきを教へている」

歩兵散兵射撃（前出『日本陸海軍写真帖』）

と『孫子』の主眼は「不戦屈敵」ではなく攻勢を説いていると主張した。

その究極は前掲の佐藤波蔵海軍大佐の「日本の古兵法を生かせ」であろう。佐藤大佐は、「日本人は日本の武徳を発揚すべきである。日本の国民性に適した兵戦を行ひ、日本人の長所を発揮するに努めねばならぬ。而して之が為に、日本の古兵法を生かす事は良法である」

「白兵戦は日本軍の得意とする所にして、支那兵の不得手とするものであり、且之が国民性の然らしめる所以であると称せられる。（中略）日本軍の列兵が白兵戦に長ずれば、指揮者は好んで突撃を命じ、作戦方針には果敢なる進撃が織り込まれ易い」

と白兵突撃を日本の国民性に適した兵戦だと

推奨した。

これは他にも見られ、阿多俊介の『孫子の新研究』では「軍争篇」にある「三軍も気を奪うべし」の解釈として、

「此治気説《このちきせつ》に関しては古来我が日本軍の得意とせる夜討朝駈《ようちあさがけ》の戦法なり」

と述べている。この「夜討朝駈」「白兵銃剣突撃」こそ、大東亜戦争で日本が敗北した要因の一つになる。

杉之尾宜生《よしお》『大東亜戦争　敗北の本質』（ちくま新書）によると、日露戦争によって得られた教訓とされた「白兵銃剣突撃」について昭和の初期に小沼治夫陸軍少佐は、

「日露戦争は美化されている。戦闘の大部分は陣地攻撃であるが、敵が真面目に抵抗した場合の攻撃は殆ど全部が頓挫しており、成功した例は極めて少ない。（中略）機関銃の前に歩兵は無力である。日本軍と言えども勝利のためには物的戦力の裏付けが不可欠である」

「夜間攻撃の実相も、想像されるような輝かしいものではない。地上に伏せ、命令号令に応じない者が、たんに兵に限らない模様である。かの有名な弓張嶺の夜襲においても、敵火を受けるや連隊長の命に応ずる者もなく、勇敢な中隊長が奮然突撃したのは、敵が退却を開始した時であった。夜間攻撃を容易と誤認し、安易に命ずる者があれば、実に危険である」

と指摘している。

確かに帝国陸軍の銃剣術は優秀で、大東亜戦争初期の自動小銃が広まっていない状況では有効に機能したが、ガダルカナル島の戦い以降は全くの無力となった。

もしこれらが日本国民の特性に基づいた兵戦だというならば、日本国民及び日本兵学というのは実に無力なものであったと言わざるを得ない。

第三章で述べたように、日神（天照大神・天皇陛下）を背負えば必ず勝つとする「大星伝」は、甲州流兵学を始めとする日本兵学にとってあくまで軍法の補助的役割であり「主」ではなかった。

また「日本兵術の特徴の一は、旺盛なる攻撃精神を強調している点である」というが、甲州流兵法の奥義は築城術であり、攻撃精神を盛んに説いているのは大勢を占めなかった『闘戦経』等のごく一部に過ぎない。

日本独自の兵学を研究するのは素晴らしいが、本当にその真意を理解していたのか。都合の良いように牽強付会し、「論語読みの論語知らず」の弊に陥っていただけではなかったか。

「日本の武徳を説明する一要素として支那兵書を利用して居るに過ぎぬ。之等の兵書は支那又は印度の思想を完全に消化し、日本武徳の内容を豊富ならしめて居るのである」と言うのであれば、『孫子』など中国兵学は即ち日本の武の一端であると言うべきであろうに、「孫子は日本兵法の下にあると見ざるを得ない」「日本の武は極めて高級なるを以て、日本兵書は支那兵書よりも一段上を行つて居る」などと虫の良いナショナリズムを発揮したことに解釈の誤りがあったのではないかと思えてならない。

佐藤堅司は戦後、自戒を込め「孫子への回顧」（『史観』第三十四・三十五合併号、一九五一年二月）を執筆している。

「日本敗戦は兵理に対する無智の結果である。わが当局にしても若《も》しも『孫子』の首篇三百三十余字にみる勝敗の理法を会得することができたなら、無謀な太平洋戦争ははじめられなかった筈である。満州事変以後、軍部はもちろん、政治当局にしても、国民の多数にしても、国力の正当な判定なしに試みた冒険の偶然的成果のなかに、勝利の必然性を見出さうとする錯覚に陥つてしまつた。筆者などもさうした錯誤に陥つた一人であつて、いつの間にか日本必勝を盲信するやうになつていたのは、まことに慚愧《ざんき》にたへない次第である。敗戦後今日にいたるまで、私は学生時代から読み続けてきた筈の『孫子』を改めて読みなほした結果、それまでの私の読み方に重大な錯誤があつたことを発見して、懺悔のつもりでこの筆を執ることを決意したわけである」

『孫子』はもとよりカントの『永久平和論』とは性格を異にする。それは道徳や宗教の立場から戦争を否定した書物ではない。戦争は国民の死生と国家の存亡とを決する一大事であるとする立場から、「兵者国之大事也」と断定して、滅多に戦争を起してはならないことを説いている。五事・七計・詭道に必勝の廟算を得るのでなければ決して戦はないのが『孫子』の意図である。百戦百勝よりも、戦はずして敵を屈するのが真の目的であつた。従つて『孫子』を熟読するものは、戦争の困難と危険とを知り、戦争よりも平和を選ぶことの安全性を感知すべき筈である」

と述べている。

明治時代に消滅した日本兵学は日露戦争以降、ことに大東亜戦争に近づくにつれ復活し、終戦によって再度の眠りについたのである。

終　章
現代に活きる日本兵学思想

PKOに派遣されていた南スーダン派遣施設隊の隊旗返還式
(2017年5月30日、防衛省ウェブサイトより)

1　自衛隊と日本兵学

国防は軍人の専有物にあらず

『古事記』『日本書紀』の時代から大東亜戦争終戦までの日本兵学思想の歩みを見てきたが、最後に触れておきたいのは戦後の問題である。

先の大戦で主要都市が〝一木一草〟焦土と化し、軍民あわせて約三百三十万人もの犠牲を出して日本が終戦を迎えたことは言うまでもないが、その結果、日本人の中には「安全保障アレルギー」が蔓延しているのが現状である。

例えば直近の事例を挙げるならば、平成二十九年だけで北朝鮮はすでにミサイル発射実験を十二回実施しているが（七月二十九日時点）、仮にこれが我が国に直撃し死傷者が出た場合、国民を救助してくれるのは自衛隊であると勘違いしている人は多い。この場合、救助を求めるのは自衛隊ではなく地方自治体なのだ。

なぜならば自衛隊は外敵である北朝鮮への対応に即応しなければならず、国民の救助は地方自治体がおこなうことは世界の常識である。災害救助と安全保障は異なることを国民は理解しなければならない。そして地方自治体の議員や役人も民間防衛に対する基礎知識は身につけるべきである。

このように自分たちの生命及び財産を侵害されるような状況でありながらも、国民の安全保障への関心が高まらないのは、戦争の後遺症を引きずっているからに他ならない。

よくこれを連合国軍最高司令官総司令部（以下、ＧＨＱ）によるウォー・ギルト・インフォメーション・プログラム（以下、ＷＧＩＰ）、つまり「戦争についての罪悪感を日本人の心に植えつけるための宣伝計画」の影響だと指摘する声がある。日本占領連合国軍最高司令官であったダグラス・マッカーサー（一八八〇〜一九六四）は、

「何世紀もの間、日本人は中国人、マレー人、インド人その他、太平洋水域の隣人たちとはちがって、常に戦争の技術と武士階級の制度を研究し、崇拝してきた。日本人は生まれながらの太平洋の戦士だったのだ。

日本の武力がかつて敗北を知らなかったことは、日本人に不敗の信念を抱かせ、武士階級の力と賢さに対してほとんど神話的な信仰を抱くことが、日本文明を支える唯一の礎石となった」（ダグラス・マッカーサー『マッカーサー回想記　下』朝日新聞社）

と述べているが、ＧＨＱが日本に施した政策とは、日本人の「太平洋の戦士」としてのプライドを崩壊させることから始まっている。

それは戦犯の逮捕、大東亜戦争で政府に協力した人物の公職追放、「非武装」を謳った日本国憲法の制定、軍国主義教育の改正、情報統制などの他、それまで武士の魂と考えられていた日本刀の強制没収（国宝を含む）や剣道・漢学などの廃止にまで至っている。

特に帝国陸海軍を無力化することは、並々ならぬ精力をもっておこなわれ、軍人の公職追放のほか、軍人恩給や遺族扶助料までも実施している。

このためそれまでは〝御国のため〟だけを考えればよかったはずの軍人は、日々の生活にさえ苦しむことになり、新しい仕事を探すため狂奔することになる。

実際、路頭に迷った旧軍人のなかでは闇市で商売を始めるものや、トラックの運転手などに職を求めるものもいた。

旧帝国軍人は生活に追われ、日本の将来や行く末を考える余裕などなかったのである。

だがWGIPの影響は極めて大きいとは思うが、防衛研修所戦史室が編纂した「戦史叢書」を読むと、すでに戦中から塹壕を掘るなど本土決戦準備を進めようとしても、国民がマジメに手伝ってくれず、軍部が頭を抱える様子が記録されている。そのことを考えると俗に言う「平和ボケ」（主に戦争や安全保障などの現実に無関心、または現実逃避し甘い幻想に入り浸ること）を全てWGIPに帰することは誤りであり、ある意味、日本人の国民特性ではないかとも思えてくる。

そもそも日本では江戸時代を通じて国防を担うのは武士だけだという認識が長く続いた。だが北条氏長が「兵法は国家護持の作法、天下の大道也」と、士農工商にいたる四民ともに兵法を学ぶべきだと述べたように、あるいは加藤友三郎《ともさぶろう》元帥海軍大将（一八六一〜一九二三。のち首相）が、「国防は軍人の専有物にあらず。戦争もまた軍人にてなし得べきものにあらず」と述べたように、安全保障は国民理解、国民感情の上にこそ成立するものであり、戦前は全て軍部へ、戦後は全てＧＨＱへと責任を押し付けるのは誤っているのではないか。

†陸海空自衛隊の誕生

戦後の日本の安全保障を担うのは自衛隊であるが、内閣府が実施している『自衛隊・防衛問題に関する世論調査』の「自衛隊や防衛問題に対する関心」の調査結果を見ると、昭和五十八年（一九八三）は「関心がある」（四七・七％）、「関心がない」（五〇・四％）であったのが、平成二十六年（二〇一四）では「関心がある」（七一・五％）、「関心がない」（二八・二％）と、この三十年で激変していることがわかる。

自衛隊の歴史は「日陰の歴史」とも言われるが、防衛大学校一期生である平間洋一氏は、吉田茂元首相（一八七八〜一九六七）に会うため大磯の吉田邸を訪れたとき、吉田は帰り際、

「君たちは自衛隊在職中、決して国民から感謝されたり、歓迎されることなく自衛隊を終わるかもしれない。きっと非難とか誹謗《ひぼう》ばかりの一生かもしれない。しかし、自衛隊が国民から歓迎され、ちやほやされる事態というのは外国から攻撃されて国家存亡の時とか、災害派遣のときとか国民が困窮し国家が混乱に直面しているときだけなのだ。言葉を変えれば君達が日陰者であるときのほうが、国民や日本は幸せなのだ。堪えて貰いたい。国家のために忍び堪え頑張って貰いたい。自衛隊の将来は君達の双肩にかかっている。しっかり頼むよ」

と述べ、「治にいて乱を忘れず」と書いた色紙を渡したという。

事実、自衛隊はその誕生から「日陰の歴史」であった。

自衛隊の誕生は米ソ冷戦時代に遡る。ソ連の脅威が深刻化し、昭和二十三年（一九四八）一月に、アメリカのロイヤル陸軍長官が「日本を全体主義（共産主義）への防壁とする」と演説し、フォレスタル国防長官に日本の再武装を検討するよう命じた。

この年、東欧諸国のほとんどが共産化し、ドイツにはベルリンの壁が築かれ東西ドイツは半世紀にわたって引き裂かれ、翌年九月には、ソ連が原爆実験に成功した上、十月一日には北京で毛沢東が中華人民共和国の成立を宣言した。

これをさらに加速させたのは、昭和二十五年（一九五〇）六月二十五日の朝鮮戦争の勃発であった。

北朝鮮の電撃的な奇襲作戦により、首都ソウルはわずか三日で陥落。韓国の大半は北朝鮮に瞬く間に占領され釜山へと追い込まれ、アメリカは韓国に在日米軍を投入する必要に迫られたが、そこには大きな問題があった。それが日本国内の在日外国人と日本共産党による治安問題である。

終戦時、日本には外国人が約二百十五万人ほど在住していたが、彼らのうち百五十万人は、昭和二十一年末までに帰国したものの、朝鮮半島では混乱状態が続いたため、八万人が日本へとUターンしてきたのである。

共産党は、終戦時には党員がわずか六百人程度しかいなかったのが、昭和二十四年には党員数二十三万人へと急速に拡大し、在日外国人勢力と呼応する動きを示していた。

このような状況を考えれば在日米軍を手薄にすることは危険であった。そこで後にGHQが「日本の軍隊を解散したのは大きな誤算だった」と述べた痛恨の事態を解決するため、マッカーサーは昭和二十五年七月八日午前九時。日本政府に「日本の治安を維持するため、七万五千人の警察予備隊を設置し、海上保安官を八千人増員する措置を取ることを認可する」と書いたメモを渡した。ホイットニー民政局長が日本政府に「（警察予備隊は）普通の警察ではない。内乱が起きたり、外国の侵略があった時に立ち向かうもので、隊員には差し当たり銃を持たせる。将来は大砲や戦車も持つことになろう」と伝えたことで、関係者はこれが〝軍隊の卵〟であることを悟ったという。

またこれは日本政府が再軍備をお願いしたのではないので、認可という名目の〝命令〟でもあった。警察予備隊（のちの陸上自衛隊）はこうして誕生したのである。

海上自衛隊もマッカーサー指令にある「海上保安官八千人増員案」から始まり、一カ月後の昭和二十五年八月、ジョイ中将から野村吉三郎元海軍大将に対し〝軍艦の貸与〟が打診された。

日本では終戦直後から旧陸軍同様に海軍復活についても極秘裏に研究されていた。厚生省第二復員局に勤務していた吉田英三《ひでみ》（一九〇二～一九七八）元海軍大佐がリーダー格となり、福留繁《ふくとめしげる》元海軍中将（一八九一～一九七一）、保科善四郎《ほしなぜんしろう》元海軍中将（一八九一～一九九一）、富岡定俊元海軍少将（一八九七～一九七〇）、山本善雄元海軍少将（一八九八～一九七八）らがグループに加わり、「日本再軍備に関する私案」をまとめていた。

そしてこれらの海軍復活計画を側面から支援したのは、戦後に日本海軍のネイビー魂を知ったアメリカ海軍の首脳たちであった。

昭和二十六年九月八日、サンフランシスコ講和条約が締結。日本は独立国家として新しく歩み始めた。そして十月十九日、吉田首相はマッカーサー元帥の後任として赴任してきたマシュー・リッジウェイ大将から、正式にフリゲート艇の貸与の打診を受け、承諾した。

こうして海上保安庁内に海軍を再建させるための組織、〝Y委員会〟が発足し海上警備隊創設を盛り込んだ〝海上保安庁法改正法案〟が国会に提出され、昭和二十七年四月二十三日に可決・成立し、海上警備隊（のちの海上自衛隊）が生まれたのであった。

航空自衛隊は保安庁（のち防衛省）の発足後、ソ連軍機が頻繁に北海道周辺に現れ、領空を脅かすようになってきたため、対応に迫られたことから誕生した。

占領中、アメリカは警察予備隊や海上警備隊に飛行機などの使用を認めなかったが、日本独立の一カ月後、昭和二十七年五月、アメリカから観測機の貸与が申し込まれ、日本の空の再軍備が開始されることになり、保安隊（のちの自衛隊）に航空兵科（のちの航空自衛隊）が誕生することになったのである。

だがGHQの指示により警察予備隊の創設について国会審議を通さなかったため、「日本国憲法」の「戦争の放棄」、

第九条　日本国民は、正義と秩序を基調とする国際平和を誠実に希求し、国権の発動たる戦争と、武力による威嚇又は武力の行使は、国際紛争を解決する手段としては、永久にこれを放棄する。

二　前項の目的を達するため、陸海空軍その他の戦力は、これを保持しない。国の交戦権は、これを認めない。

とする条文に反するとして、現在に至るまで自衛隊が「平和憲法の鬼子」などと揶揄される原因が遺されることになったのである。

†陸上自衛隊の「戦機の捕捉」

陸海空自衛隊は、前述したようにアメリカの要請によって当初は警察予備隊として発足した。

警察予備隊約七万五千名は当初、全員が二等警査（二等陸士）となり、幹部は不在という有様でスタートすることになる。参謀部第二部長のウィロビー少将は大本営作戦課長であった服部卓四郎元陸軍大佐に編成を命じ、旧軍将校を推薦したものの、マッカーサーの反対に遭い、幹部は部下を指揮した経験のある社会的経験者を公募して八百名を採用した。

しかし朝鮮戦争で中国が参戦するなど戦争が次第にエスカレートしたことで、昭和二十六年（一九五一）になり旧軍人の追放解除が検討され、旧軍の影響が少ない陸軍士官学校五十八期を対象として募集が始まった。次に陸軍中佐・大佐を対象とした採用がおこなわれたことで、旧軍将校は幹部五千名のうち、一千名を占めるに至った（大佐級が復帰するのは、その後、昭和二十七年〈一九五二〉七月以降になる）。

警察予備隊はアメリカ軍の将校からなる軍事顧問団によって指導され、編成から使用言語、教範、作戦思想等までアメリカ軍を基準とした。

平野斗作一等陸佐（のち陸将。元陸軍大佐）は『作戦原則の解説』（学陽書房）にて、「旧日本軍の戦法が変わり身の早い軽量の相撲としたならば、米軍の戦法は受けて立つ横綱相撲」とし、アメリカ軍の戦法の最大の特色は「物質的戦力の統合発揮」だと断じている。そして戦術とはその国の国力、国民性、国防環境等、各種の要件を検討して、進むべき方針を決定すべきものであって、それぞれの国で異なってしかるべき問題だと捉え、自衛隊が採用すべき戦術とは「きめの細かい戦術」であり、術策等を活用した機動戦的な戦術を採るべきだと述べている。

やがて日本が独立し警察予備隊が保安隊を経て自衛隊となった後、昭和三十年（一九五五）十月に新たな教範を編纂することになったとき、日本独自の教範を作成しようという動きが出たのは当然であった。

このような動きを踏まえて、陸上自衛隊の教範である『野外令』（昭和三十二年）は制定された。この編纂には平野が深く関わったものの、旧帝国陸軍の復活への警戒から日本独自の兵学を組み込むまでには至らなかった。

『野外令』の編纂に関わった花見侃陸将補（元陸軍少佐）は後年、「一九五四年の米軍野外令が伝来し、その見事さに屈し、一方では燃え上がるナショナリズムの要求に屈し（中略）醜怪なる『独自の野外令』ができ上がった」「現行教範（作戦原則）は、旧陸軍の典範とあまりにも違った様相を呈しているので、これは米軍のものでわれわれの役には立たないという観念があるならば、今後のわが国の戦術的な発展に大きな支障となると考える」「日本精神、愛国心をとりでとした、過重な訓練に堪え劣悪な編成装備と、殆ど絶無にちかい補給のもとに悪戦苦闘したにもかかわらず、あまりにも悲惨な敗北を以て報いられた事実を、自ら悲壮美化していないだろうか」と述べたように、内部からも帝国陸軍への回帰について強い批判があったことを窺い知ることができる。

陸上自衛隊幹部学校においても幹部学校長の井本熊男陸将（元陸軍大佐）はアメリカ軍の優秀さには一目を置くものの、アメリカ軍一辺倒となりつつある自衛隊に強い懸念を示し、「旧陸軍が全面的に間違っていて、今後建設される日本の国防力が全く次元を異にした原理原則で樹立されるとしたらナンセンスである」とし、自衛隊ではアメリカ軍の戦法を日本でどのように適用させるかの考察が足りないと指摘。帝国陸軍への部分回帰を図ろうとするが、「日本式戦術は一種の芸術で一〇〇点取れる人もいるが五〇～六〇点止まりのものもいる。だがアメリカ軍戦法は誰もが七〇～八〇点を取れるサイエンス（科学）」だと考える後任の幹部学校長の新宮陽太陸将（元陸軍大佐）との対立が生じ、結果として杉田一次陸上幕僚長（元陸軍大佐）によってアメリカ軍式戦術を採用することが決定した。

しかし杉田自身も、日本独自の戦略戦術思想をつくる必要性を痛感している一人でもあった。

旧帝国陸軍出身の自衛官が修正しなければならないと考えた日本独自の用兵思想とは、敵の機先を制して主導権を握る「戦機の捕捉《ほそく》」に集約することができる。

『野外令』の改定（昭和四十三年）に関わった竹下正彦陸将（元陸軍中佐）は「戦術の核心は状況判断」であるとし、帝国陸軍は「状況不明の場合は任務を基礎として自主主導的に決め」状況を探し出す努力を怠っていたと指摘し、後任として幹部学校長に着任した梅澤治雄陸将（元陸軍中佐）は『野外令』に「戦機の捕捉」を注入した。

梅澤は昭和四十二年（一九六七）の幹部学校創立十五周年記念式典において「日本古来の戦法の美点を忘れていないだろうか」「われわれは日本戦法の良き伝統を受け継ぎ、その欠陥は勇敢に除去し、特に全般的戦略持久の中にあっても、烈々たる攻勢意思による戦機の作為、捕捉を中核とする旺盛な創造性の発揮による独特の戦法」を開発すべきだと述べた。この日本独特の戦法こそが、「戦機の捕捉」であり、これが『野外令』に組み込まれたのであった。

杉之尾宜生氏によると陸上自衛隊富士学校で教育を実施した際、演習後にH学長からアメリカ軍的な状況判断では敵状解明に汲々として時間がかかってしまう。敵の態勢未完の弱点に乗じ、任務を遂行し断固として攻撃に着手し〝戦機の捕捉〟をしなければならないとの講評を受けたという。しかし梅澤以降、帝国陸軍への回帰派はその影響を失い主流から退き、アメリカ軍の管理手法や科学技術を重視することが主流となっていく（木村友彦「陸上自衛隊創設以降の用兵思想の史的考察」、陸戦学会『陸戦研究』二〇一五）。

†海上自衛隊の作戦要務

海上自衛隊は帝国海軍の伝統を色濃く残して復活するが、昭和三十年（一九五五）三月二十二日、海上自衛隊幹部学校の教育開始に際し、校長である中山定義海将補（のち海上幕僚長、元海軍中佐）は「海上自衛隊幹部学校のあり方について」を示し、

「我々は大急ぎで米英等の海軍を範とし、その水準に追いつく努力を第一とし、その修正等は相当後のこととしたい。小児病的国粋論はこの際避けたい。ただし、統率、精神教育等の面においてはわが国情を無視することは慎みたい」

と述べている。中山は艦隊決戦に固執し失敗した旧海軍大学校を反面教師とし、防衛研究

所や陸・空等の幹部学校等とも連携をとって海上自衛隊幹部学校の教育向上を目指している。

そしてアメリカ軍に追いつくため、米国海軍大学校へと留学生を派遣し、その教育手法を幹部学校教育に反映させることを企図し、現在に至るまで続けられている。

高木惣吉元海軍少将は昭和三十年（一九五五）、海上自衛隊幹部学校でおこなった講演で、「旧海軍では明治時代は、英海軍を倣い、精神的に独立することが遅く、考えようによっては最後まで独立できなかったといえる。また今日では米国に総てを学んでおり、何時までも米海軍の亜流に甘んじていると明治時代の二の舞を演ずることになる。ここにおいて精神的だけでも米英の羈絆《きはん》から脱して新機軸を生み出す意気込みで、基礎研究のルツボを本校に準備して、自らの力で生み出す気魄を持ってもらいたいと思う」「旧海軍において、海戦要務令に押し込まんとしたのは一方法であったが、これが極端になって、創造的なものを生み出さなければならないときに、教条主義に押しこめられて動脈硬化になったと思う。（中略）海戦要務令では、攻撃や追撃の徹底について強調されていたが、学ぶということが身についていなかったことを第二次世界大戦は証明したようである。これは日本の非常に苦い戦訓であり、繰り返してはならないと思う」（海上自衛隊幹部学校編『高木少将講和集』海上自衛隊幹部学校）

と述べている。

海上自衛隊は高木の言う「学ぶ」というところを重視すべく、「作戦要務」という概念を生み出した。

作戦要務とは国の存亡、生死をかけた戦いで誤りをすることが許されない指揮官が、その判断指針に用いられるものである。

考え方は「敵の可能行動の見積もり」「彼我の戦闘力を分析」「その取り得る行動方針」を列挙し、
①適合性（目的、その作戦が手段として最適か）
②可能性（作戦実施に際し人的、物理的に実施可能か）
③受容性（費用対効果。失敗した場合の損害は許容できる範囲か）
の三要素で評価し、自分の「最適行動方針」を決定する手法であり、以後は現在に至るまで海上自衛隊の幹部はこれを全員習うことになっている。

†異国自ら異国の武あり、本朝自ら本朝の武あり

このように大東亜戦争の反省を踏まえて誕生した〝日本独自の〟自衛隊の用兵術、幹部としての思考法を見てきたが、自衛隊はその指揮手法にアメリカ軍流を取り入れて、軍隊

の脊髄《せきずい》というべき統率についても、帝国陸海軍のように天皇陛下を中心とせず、民主主義の原則を基礎においた、部下を心服させて任務を遂行させる心服統御を用いている。

私は戦術の専門家ではないため、これらの妥当性を判断する術は持たない。しかしながら戦略や戦術は時代や技術とともに変化するものであり、これに日本独自の工夫を見出し、あるいはこれに固執することの是非を考えるにあたっては、かつて幕末に衰退していった諸流兵学や大東亜戦争で「夜討ち朝駆け」「白兵銃剣突撃」を日本独自の戦法だと述べて散った過去の戦訓を鑑みる必要があるように私には思える。

「戦機の捕捉」の成功事例としては、香港攻略戦で斥候として敵陣地を偵察したところ、警戒が不十分なのを知り単独で敵陣地を攻撃し、短期間で香港攻略を成功させる契機をつくった若林東一陸軍大尉（一九一二〜一九四三）の事例を挙げることができるだろう。

だが一方で、ガダルカナル島で一木清直陸軍大佐（一八九二〜一九四二）がアメリカ軍一万一千名を二千名と少なく見積もり、攻撃を開始したところ一日足らずで壊滅した事例も挙げることができる。

山鹿素行が述べた、「異国自ら異国の武あり。本朝自ら本朝の武あり」と述べたその精神を鑑みた場合、日本独自の兵学というものは、戦術レベルではなくより大所高所から考え得るものではなかろうか。

むしろ日本独自の戦法というものよりも、本来、日本兵学が持していたその精神性こそがアメリカ軍とも帝国陸海軍とも異なる「新国軍」としての自衛隊に欠けているものであり、その復活こそが日本開闢《かいびゃく》以来、多くの戦で散った我々日本人の死を無にしない唯一の施策なのだと信ずるのである。

これより現在の問題を中心に、これまでの日本兵学の思想を重ね合わせ、課題と改善について私見を述べていきたい。

2 国の独立と平和を守る人々のために

†始まったカンボジアへのPKO

「平和憲法の鬼子」と批判された自衛隊であったが、平成四年（一九九二）には「国際連合平和維持活動等に対する協力に関する法律」（以下、PKO協力法）が制定され、自衛隊をカンボジア史上初となる選挙による新政府樹立を支援すべくPKOに参加させている。

この派遣は陸上自衛隊にとって初となるPKOであるとともに、戦後初となるカンボジアへの部隊派遣であった。

杉之尾宜生元防衛大学校教授がカンボジアPKOに派遣された隊員から聞いた話によれば、「自衛隊がカンボジアへ来る」という情報に最も震え上がったのは、カンボジアで悪行をかさねていた山賊たちであったという。

日本軍が大東亜戦争のとき、フランス軍をカンボジアから叩き出したことは、カンボジア国民に強い衝撃を与えていた。自分たちが何百年も勝つことのできなかった白人を、瞬時に撃ち破った日本軍。それはシアヌーク殿下をして「日本軍は昔も、カンボジアではなにも悪いことはしていない。非常にきちんとしていた」と言わしめるものであった。

自衛隊がカンボジアに来るという話は「〝あの〟最強の日本軍が帰ってくる」と誤解(?)されて山賊たちに伝わった。そのため、彼らは自衛隊が到着した途端、パッタリとその活動をやめてしまったという。

だが日本の野党やマスコミ、市民団体は連日のごとく、自衛隊の海外派遣を危険視し反対運動を激化させ、その活動はカンボジアにてもおこなわれた。

ここで当時の『赤旗』の「自衛隊派遣、アジア諸国民はどうみる――カンボジア、ベトナム、シンガポールの声」と題する記事をご紹介したい。この記事は冒頭、「日本政府関係者、UNTACの指導者、日本のマスコミなどはみんな『歓迎している』との論調を流していますが、記者の取材体験では、カンボジア国民の意識はそう単純ではありません」

と書き出し、『赤旗』記者の体験を記述したものである。

その内容は、カンボジアで二人の副校長と『赤旗』の記者が会ったとき、記者が「小中学校の教科書で、日本軍のカンボジア統治を書いたものがあるか？」と尋ねると、回答は「ノー」「生徒は日本の過去のことを知らない」とのことであった。そこで記者は、「日本のアジア侵略で二千万人の犠牲者、日本でも三百万人の犠牲者がでたこと（中略）さらに、政府は何度も自衛隊の海外派遣をたくらんだが、日本共産党はじめ国民がそれを阻んできたこと、ＰＫＯ協力法はカンボジア問題を利用して、日本の自衛隊が海外に出ていくことは、アメリカや日本の独占資本の利益を擁護するためで、これには国民の半数以上が反対している」ことなどをご丁寧にも、彼らに説明するのである。

それを聞いた二人の教員は、「初めてそんな話を聞いた（中略）日本の自衛隊派兵がはらむ危険性については、カンボジア国民はほとんど知らされていないし、知らないはずだ」と驚いたという内容である（『赤旗』一九九二年九月二十六日）。

この記事の面白さは、カンボジアの反日感情を扇動しようと、左翼が暗躍する姿が浮き彫りになっている点である。何も知らない現地住民に、反日意識を植えつけて「カンボジアの国民意識はそう単純ではない」とはよくも言えたものだが、当時カンボジアＰＫＯについての世論調査は『赤旗』では実施されておらず、『朝日新聞』ですら五二％が賛成。

反対は三六％であり（『朝日新聞』一九九二年九月二十八日）、「半数以上が反対」は虚言に等しい。

この当時、作家の上坂冬子（一九三〇〜二〇〇九）はカンボジアを訪問し、シアヌーク殿下（一九二二〜二〇一二）とお会いしているが、その席上で殿下は「日本でいろいろな論議があることは聞いているが、戦地に来るのではなくて、平和のために協力するという行為に、なぜ何をそれほど、警戒する必要があるのか、論議が起きる理由が分からない」と日本の異常な報道に不快感を示したという。

†ルワンダ大虐殺によるPKOの転換

国連平和維持活動の創設に携わったカナダのピアソン元外相は「PKOは軍人の仕事ではないが、軍人でなければできない仕事」だと述べているが、私もこれに同意するものである。

第一章で天沼矛の持つ武徳の精神について述べ、日本の「武」とは世界の考える「武」の概念と異なり、「万物を創造し、育成するものだ」と指摘したが、私は現代で言うならばPKOがこの概念に近しいものだと考えている（理念としては災害派遣も含む）。

日本におけるPKOは物質上の創造、育成だけでなく、その本質は〝魂の救援〟にこそあるのではないだろうか。

だが昨今、カンボジア時代のＰＫＯとは求められているものが変貌しているのも事実である。

特に平成六年（一九九四）に起きたルワンダ共和国での内戦（多数派であるフツ族は、少数派であるツチ族やツチ族を約百日間で八十万～百十万人虐殺したという）で、国連ＰＫＯがこれを制止できなかったことは国際社会から強い批判を受けた。

ルワンダの悲劇については次のように伝えられている。

「近所に住んでいた（中略）白い肌をした美しい女性は、昨日双子の男の子を出産したばかりだった。この無垢の小さな赤ん坊が、祭壇の上で一塊になって横たわっている。斬り殺され、聖石の上に倒れ伏した母親と一緒になって。生き残った者の証言によると、殺戮者たちは、赤ん坊二人を教会の薔薇色の壁にぶつけて頭蓋骨を割った後、子供の血の海に母親の顔を浸してから、母親を殺した」（レヴェリアン・ルラングァ『ルワンダ大虐殺　世界で一番悲しい光景を見た青年の手記』山田美明訳、晋遊舎）

ルワンダはカトリック教会が多い国であったが、彼らはこの暴動に無力で、むしろ虐殺に加担する者まで現れた。このことでキリスト教徒は、ツチ族を殺すことが〝教会の意思〟だと信じることになった。

その虐殺は〝非道〟の名に値するものであり、ナタでズタズタにされるのから逃れるため、銃で殺して貰えるよう金を払う人。女性は強姦されてから殺され、母親であれば「助けて欲しければ自分の子を殺せ」と命じられる。妊娠後期の妻は腹を割かれ「これを食え」と夫の顔に胎児を押し付けられる……。まさにルワンダは戦慄の状態を極めた。

最もすべてのフツ族がそうであった訳ではない。暴徒が寄宿学校を襲撃した際、少女たちに「フツ族とツチ族に分かれる」ように命じた。彼女たちは自らをフツ族だと名乗れば生き残ることができるとわかっていた。しかし少女たちはそれを拒む。「自分たちはただルワンダ人である」と。その結果、全員が無差別に殴られ、そして射殺された（フィリップ・ゴーレイヴィッチ『ジェノサイドの丘』柳下毅一郎訳、WAVE出版）。

ルワンダ大虐殺の反省と教訓に立ち返り、「ブラヒミ・レポート」が出された。これはPKOが成功する要因として、①主たる紛争当事者による国連活動の受け入れ同意、②不偏性、③自衛及び任務防衛のための武器使用とそれ以外の実力不行使、の三点が原則とされた。ここで言う不偏性は「不偏性とは中立性と同じではなく、全ての当事者を全ての場合に全ての機会に平等に取り扱い、宥和政策をとるということではない」。なぜならば「しばしば現地の当事者は道徳的に平等ではなく、明白な攻撃者と被害者から成り立って」おり、「平和維持要員は、作戦面から武力の行使を正当化されるだけでなく、道徳的に武力の行使を認められる」と定義されている。

このため現在の国連ＰＫＯは人道上のニーズに対応すべく、「武力の行使」はおこなわないが、和平プロセスへの妨害や文民へ暴力を奮うものには、武器の使用も躊躇しない。現代のＰＫＯはこのように変貌してきているのである。

また日本が担うＰＫＯの内容も変化しており、これを分類するならば、①テロ対策や大量破壊兵器の不拡大（イラク・アフガニスタン等）、②アジア地域における平和構築と関係構築（カンボジア・フィリピン等）、③日本の国益に直ちに直結するものではないが、国連や国際社会の一員として協力すべきもの（アフリカや中南米等）、となるだろうか。

中国はアフリカへの関与を強めており、経済と安全保障による国益を関連付けようとしている。元々中国はＰＫＯに対して消極的であったが、カンボジアＰＫＯには工兵部隊等四百七十名を派遣するなど大規模な動員をするようになった。

これは中国がカンボジア和平の関係者であったことと、天安門事件による国際的な孤立を打開する手段として用いられたものであった。

中国がアフリカへの関与を強化する理由は、資源の獲得、市場の開拓と確保、大国としての名声を得るためであるが、ＰＫＯを有効活用し覇権国家としての地位を確保しようとしている。日本にとって警戒すべき点であることは言うまでもない。

日本政府がＰＫＯにまとまった数の自衛隊を派遣させたのは、カンボジア、東ティモール、ハイチ、南スーダンである。

カンボジアと東ティモールはアジア地域での活動となり、国民世論の支持を得やすいと言えるが、問題は南スーダンのようなケースである。

宗教と民族紛争を抱える地域におけるＰＫＯ派遣は、ルワンダ大虐殺と同じく高度の危険性を伴うものとなる。

特にＰＫＯ派遣中の平成二十五年（二〇一三）十二月に起きたクーデター未遂事件（キール大統領の出身部族であるディンカ族とマシャール前副大統領の出身部族であるヌエル族による対立が原因）は民間人数千名が犠牲になり、避難民は百万人に達したともいう。

平成二十八年（二〇一六）七月にはキール大統領派とマチャル第一副大統領派が銃撃戦をおこない、再び内戦状態へと逆戻りした。

「駆け付け警護」（現地の国連司令部の要請などを受け、離れた場所で武装勢力に襲われた国連職員やＮＧＯ職員、他国軍の兵士らを助けに向かう任務）や他国のＰＫＯ要員らと宿営地を護る「共同防護」が閣議決定したのはこの後である。

自衛隊南スーダン派遣については、平成二十九年（二〇一七）五月に任務を終え、全員が無事に帰国した。

我が国が策定した「国家安全保障戦略」には、国際平和協力の推進として「国連PKO等に一層積極的に協力する」と書かれているが、今度ともこの方針を堅持するのであるならば、自衛官に対する補償を今よりも強化することは当然のことであろう。

†〝先文後武〟の日本

自衛官が自身の生命の危機に怯えながら任務を遂行せざるを得ないのは、先述した自衛隊の創設時の、憲法との整合性の問題にある。

だが自衛隊創設時にどんな問題があろうとも、戦後七十年以上が経過する現在、国際社会に対して「国連PKO等に一層積極的に協力する」と言いながら、国民の七割が安全保障に関心があるとしている現在において、未だに泥縄式に自衛隊関連法案を成立させているのは一重に政治の怠慢に他ならない。

山鹿素行は「天地人三才説」を説き、文武に先後はなく、時と場所に応じてどちらを優先するかを決めるべきとする文武一体論を提唱した（第三章3）。

だが今の日本は先文後武であり、時と場所が「武」を優先すべきだと明らかでありながら、未だに対応できていない。

その例が「ポジティブリスト（根拠規定）」と「ネガティブリスト（禁止規定）」の問題で

ある。自衛隊の行動を「これはして良い（ポジティブリスト）」ではなく、「これをしてはいけない（ネガティブリスト）」に切り替えるだけで、自衛隊関連の法律のおおよそは解決する。警察は「このような場合には、これをやって良い」という例規的な権限が付与されており、その範囲内で活動をする。ところが現在の自衛隊はこの「ポジティブリスト」が未だに適用されており、国内法で根拠を与えないと行動できないように制約されている。つまり自衛隊は未だに「警察予備隊」の範疇《はんちゅう》で動かされているのだ。

有事の際には臨機応変で対応しなければならない。それをいちいち、「この場合に行動するには、どのような根拠規定に基づかなければならないか」等と考えていたら、全て後手になる。また相手には何ができて、何ができないのかを教えているようなもので、作戦計画を事前通知しているようなものである。

陸上自衛隊中央即応集団司令官であった川又弘道元陸将は「『駆け付け警護』任務の運用に際しての課題」と題する論文で、「駆け付け警護」はＰＫＯの現場における運用原則が実情とあまりにも乖離しているうえ、周辺国に誤解を招く可能性を指摘している。結局、与党・野党を問わず、政治家が国内政治だけを見て、安全保障を述べる限り、そのツケは自衛官に回ってくることになる。

より根幹的な問題としては、未だに自衛隊を「国軍」として規定できない点であろう。

安倍晋三首相は平成二十九年五月三日、憲法九条に自衛隊の存在を認める「第三項」を東京オリンピックまでに追加するよう改正すると発表した。

しかしながら憲法九条の第二項「前項の目的を達するため、陸海空軍その他の戦力は、これを保持しない。国の交戦権は、これを認めない」を残したままであれば、PKO並びにエスカレートしつつある尖閣諸島の領土紛争が勃発して戦闘状態となったとき、不幸にして捕虜となった自衛官が出た場合、軍人ではないという理由からゲリラやテロと同じ扱いを受け、即座に射殺される理由を与えることになる。

安倍晋三首相は保守派と呼ばれる層より支持されているが、第二項を温存して第三項を加えるという小手先の政策を用いることは、戦後憲法に加憲できた首相という名声は得ることはできても、危機に瀕する自衛官を見殺しにする気なのかと言わざるを得ない。

†自衛官が安心して任務を遂行できる環境を

日本政府が領土紛争や危険が高まる地域へのPKO派遣を自衛隊に強いるのであれば、当然、戦死者ならびに重度障がい者が出る可能性も高まる。

そもそも日本には未だに「戦死」ではなく「殉職」という概念しかない。

だが一定の安全が確保された状況で起きる殉職と、任務として死地に赴く戦死が同じ待遇であって良いだろうか。

南スーダンのＰＫＯでは陸上自衛隊施設部隊が駆け付け警護を実施した場合、日額八千円を支給する政令を出した。南スーダンに派遣された隊員は「国際平和協力手当」として日当一万六千円が支給されているので、駆け付け警護をした場合は二万四千円が支給されることになった。

また南スーダンで公務中に死亡した場合は、賞恤金《しょうじゅつきん》（功労金）の上限を六千万円から八千万円へと引き上げている。

帝国陸軍による陸軍恩給は明治八年（一八七五）四月交付の「陸軍武官傷痍《しょうい》扶助及ヒ死亡ノ者祭粢《さいし》並ニ其家族扶助概則」に始まり（同年八月には海軍にも恩給制度が発足）、翌年十月に廃止されて陸軍恩給令が公布されている。

その後、度重なる改正がおこなわれ、明治二十三年（一八九〇）に「軍人恩給法」が公布され、以後は大正十二年（一九二三）に「恩給法」が制定されるまで続くことになる。

これらの軍人やその家族・遺族に対する保障制度は整備され、昭和初期には「軍人恩給、賜金制度」、「傷痍軍人保護優遇制度」、「軍人遺族保護優遇制度」等として確立されている。

これら軍事援護の事業は、昭和十三年（一九三八）に厚生省臨時軍事援護部社会局員であった吉富滋によると「国民に代わって国防の第一線に立ち軍務に一身を捧げた者に対する国家としての感謝、国民としての尊敬の具体的表象ともいうべきものである」と表現されている（吉富滋『軍事援護制度の実際』山海堂）。

特に戦前では恩給は文官より武官の方が優遇されていたが、「恩給法」では恩給の種類は七つあり、

①「普通恩給」（公務員が一定年限在職したか、あるいは公務によって不具癈疾《はいしつ》となった場合に支給。准士官以上、下士官兵とも十一年在籍した軍人に支給。昭和八年以降は准士官以上は十三年、下士官以下は十二年に改定）

②「増加恩給」（公務員が公務によって傷痍疾病に罹り、そのために不具癈疾となった場合に、普通恩給の外に給する年金的恩給）

③「傷病年金」（公務上の疾病で不具癈疾の程度に達しないものに給する年金。昭和八年に追加）

④「一時恩給」（公務員が恩給年限に達しないで退職した場合支給する一時金。下士官以上として一年以上在職し、普通恩給を受ける年限に達せず退職した者に支給。昭和八年より三年以上に改定）

⑤「扶助料」（普通恩給を給される者が死亡、又は普通恩給を受けなくても、普通恩給を受ける資格ある者が死亡した場合、又は戦闘、公務により死亡した場合、その遺族〈祖父、祖母、父、母、夫、妻、子、兄弟姉妹などで、同一戸籍内にある者〉に支給される年金的給与。戦死の場合は普通恩給の全額、公務死の場合には半額、普通死の場合には三分の一を標準として支給）

⑥「傷病賜金」（下士以下の軍人に与えられる特典で公務のため傷病を受けるか、疾病により一定年限内に退職した場合で、症状が軽く「増加恩給」または傷病年金に該当しない場合に支給される一時金）
⑦「一時扶助料」（一定の条件下で公務員の兄弟姉妹に支給する一時金と恩給年限に達さずに死亡した公務員の遺族に対する一時限りの給与金）
に分類された（石崎吉和・齋藤達志・石丸安蔵「旧軍における退役軍人支援施策——大正から昭和初期にかけて」）。

これに階級と在職年数に応じた一覧表があり、昭和八年（一九三三）以降は退職前の一年以内の給与の総額を基準として計算されるようになっている。さらに在職年数は「従軍加算」「航空加算」「潜水艦加算」などがあり、従軍加算では一月につき三月を加算することになり、戦地に三年間出兵すると、加算分の九年を加えて十二年となり「普通恩給」を貰える仕組みになっていた。

恩給以外にも「金鵄《きんし》勲章年金」という武功抜群の軍人を功一級から功七級に分類し、終身年金が支給された（ただし昭和十六年に廃止され、一時賜金に統一）。

また航空機や潜水艦に搭乗する者は事故による危険が伴うため、遺族に一時賜金が支給され、化学兵器を取り扱う者も特別賜金が支給されている。

さらに軍事保護院（戦傷を受けて、生活能力を失った軍人を収容した施設。日露戦争後、廃兵院として設置され後、厚生省所管の傷兵保護院、のちに軍事保護院と改称された）では戦没者寡婦を救うため、「戦没者寡婦教員養成所」を設立している。

これは戦没者寡婦が生活に困窮するのを救済するため、彼女たちに教員としての教育を施し、学校教員としての働き口を与えるという制度であった。

また傷痍軍人に対しても「傷痍軍人小学校教員養成所」を設立し、教員になれる道を開いている（いずれも終戦後廃止）。

相馬宏『新令相続税法註解』（園屋書店）によれば「相続税法」第七条に、

「軍人軍属の戦死又は戦争の為め受けたる傷痍疾病に起因したる死亡に因り相続開始したるときは、相続税を課せず。但し傷痍者又は疾病者にして、負傷又は発病後一年を経過し、死亡したるときは此限りにあらず」

とあるように、戦死者の遺族は相続税が免除されるなどの特典があったことがわかる。

いずれにしても現在のごとく危機が高まる中、死傷者が出てから泥縄式に補償を検討するのではなく、事前に恩給等を明確にし、自衛官の士気を鼓舞する必要があるのではないか。

†自衛隊に天皇との繋がりを

最後に指摘しておかなければならないのは、陸海空自衛隊の最高トップである統合幕僚長（以下、統幕長）を「認証官」にすることである。

認証官とはその任免に天皇の認証を要する官職であり、現在では国務大臣・最高裁判所判事・高等裁判所長官・検事総長・次長検事・検事長・会計検査院検査官・人事院人事官・公正取引委員会委員長等がそれにあたる。

我が国はこれまで述べてきたように、天皇と軍事は不可分の体制となっていた。幕府と呼ばれる軍事政権は幾度となくできているが、幕府は征夷大将軍が開き、征夷大将軍は天皇が任命するものであり、明治になっても天皇は大元帥として軍を統括した。しかし戦後になり天皇と軍の関係は現在に至るまで遮断されたままである。これは我が国の歴史を鑑みた場合、異常事態だと言わざるを得ない。

統幕長を国務大臣と同じように、首相により任命され、天皇陛下によって認証されるようにすることで、天皇と軍の関係を復活させるべきである。

今後とも過酷な任務が続くであろう自衛官に、日本政府のために命を捧げることを求めるのは酷ではないか。目まぐるしく変わる政府与党のために命を捧げることができる人は、国民のなかにどれくらいいるだろうか。

しかし政府を超越した天皇陛下のためであれば、命を賭ける意義を見出すことができるのではないか。

そのためにも自衛隊の最高トップである統幕長を認証官にすることは、自衛隊の地位を向上させ士気を挙げる最善の方策であると同時に、「日神を背負えば必ず勝つ」とする「大星伝」を自衛隊に与えるものであり、二千七百年近い歴史を持つ日本の伝統・文化を取り戻すものに他ならない。

†靖国神社への合祀

さらに言えば戦死した自衛官の靖国神社への合祀《ごうし》が必要である。

自衛隊の場合、昭和三十七年（一九六二）に「自衛隊殉職者慰霊碑」が建立され、平成十年（一九九八）に防衛庁本庁庁舎（当時）の市ヶ谷移転にともない、「メモリアルゾーン」として現在地へ整理された。現在、約千八百名の犠牲者が慰霊されている。

毎年、自衛隊殉職隊員追悼式を挙行しているが、平成二十八年に参列した現職の国会議員は十三名で野党議員は一名だけだった。

国のため殉じた自衛官に対し、現職議員の参加がわずか十三名とは実に情けない限りであるが、同時にこの「自衛隊殉職者慰霊碑」が無宗教であることに違和感がある。

よく引き合いに出されるアメリカの国立墓地および、戦没者慰霊施設であるアーリントトン墓地については、宗派の違いを超えて戦没者は国立墓地に一様に葬られている。アーリントン墓地には宗教施設はないが、特定宗教を廃しているだけで無宗教ではない。そもそもアメリカで無宗教という人はおらず、アーリントン墓地は宗教施設ではあるものの、国立墓地であるためできるだけ特定の宗教色を抜いているだけに過ぎない。日本だけが政教分離という名目のもと、宗教色を排した「ただの石」に自衛隊殉職者の冥福を祈っているのである。

この問題を解決するには、自衛官を靖国神社でお祀りするように改正するより他はない。無論、陸海空自衛隊約二十五万人にそれぞれの宗教があることは筆者も理解しており、自衛官からも批判があることを承知で述べるが、靖国神社への合祀は宗教的行為ではなく習俗的行為であるため、個人の宗派に捉われるべきものではない（これは自衛隊のみならず靖国神社、そして受け入れを決める厚生労働省の理解も必要である）。

首相が靖国神社を参拝するたびに、政教分離違反だと訴訟が起きるが、例えば大体の病院には霊安室がある。多くはそこに「南無阿弥陀仏」等と書かれた掛軸があり、焼香台もある。医師や看護師もこれらに焼香して遺体を見送る。これが国公立の病院ならば憲法違反というのだろうか。

また刑務所に入れられた囚人たちに対しては、政府は週に何度か宗教教育を施している。

靖国神社は違憲で病院や刑務所は合憲というのだろうか。

天皇陛下は国民の象徴であるとともに、明治以前から、神社神道の最高神官である。

靖国神社に自衛官が祀られることは、天皇と自衛隊との精神的関係を強化させることに繋がり、精神性を強化させることができる。

近松茂矩の「所謂神道は武道の根也。武道の本は神道也。道に二つなし」と述べた精神とも合致する。

国民の多くは自衛隊の任務とは「国民の生命、財産を守るものだ」と誤解しているが、国民の生命、および財産を守るのは警察や消防等の仕事であり、軍隊の仕事ではない。

軍隊は国の独立と平和を守るのである。第一次大戦のドイツ軍のように、ベルリンに連合軍を一兵も入れていない状態でも政府が降伏すれば軍は消滅する。逆にたとえ国民に大きな損害が出たとしても、政府が無事ならば軍隊は機能し続ける。

「自衛隊法」には、

(自衛隊の任務)

第三条　自衛隊は、我が国の平和と独立を守り、国の安全を保つため、直接侵略及び間接侵略に対しわが国を防衛することを主たる任務とし、必要に応じ、公共の秩序の維持に当たるものとする。

と明確に定義されているように、自衛隊は国の独立と平和を守るのである。

この場合の国とは日本の歴史、伝統に基づく固有の文化であり、皇室を中心とする我が国の一体感を共有する家族意識である。これに皇室の存在が無関係であるはずはない。これまで私が述べてきた天皇と自衛隊との関係強化は自衛隊法で定められた繋がりを、今より太くするだけに過ぎないのだ。

†規律の原則としての日本兵学

さて本章を終えるにあたり、このように現代における日本の安全保障とこれを補完する日本兵学の関係性について述べてきた。

なぜこの現代になぜ日本兵学なのかと疑問に思われる人もいるだろう。

現代戦は高度にシステム化され、弓や騎馬戦、火縄銃で戦ってきた時代とは当然ながら根本的に異なる。

そんな時代に千年以上前より唱えられてきた日本兵学など用はなさないという批判もあるだろう。

確かに戦闘がシステム化されていけば、陸海空自衛隊の意義は大きく変わる。

しかしながら、戦闘では勝利できたとしても最後に広がるカオスを抑えることができるのは、力と規律でしかなくそれを有するのはわが国では自衛隊しかない。

その規律とは自衛官一人一人の倫理であり、道徳であり、徳義に他ならない。そしてその原則は日本古典兵学で重視された真髄に他ならない。

最後に繰り返すが、安全保障はその国民の理解を超えては成立し得ない。我々は安全保障を理解するとともに、過酷な任務と困難に耐え忍ぶ自衛隊を支える必要があるのだ。

あとがき

私が初めて古典兵学を読んだのは昭和六十二年（一九八七）、小学校五年生の時である。戦国時代が好きで武田信玄の「風林火山」の旗印が『孫子』からの引用だと知り、父親の書斎にあった『孫子』を盗み読みしたところ、その内容に魅了されたのが始まりである。以後、私が常に『孫子』を読んでいるのを父が知ると、中学生になった私に「武経七書」を買い与えてくれた。そこでますます兵学にのめり込み、高校時代には甲州流兵学や山鹿流兵学などの古典兵学を勉強し始めたのであった。

そんな私に人生の転機が訪れたのは、平成五年（一九九三）高校二年生の時である。たまたま読んだ本に書かれていた桑田悦元防衛大学校教授（元陸将補、陸士五十八期）の中国古典兵学に関する論文を読み、驚嘆した私は「ぜひ、この先生から教えを受けたい」とファンレターを書いたのだった。

すると桑田先生から返信が届き、内容は、高校二年生でありながら、戦略論に興味を持ったことに驚いたこと、さらにその志を励ます内容となっており、さらに手紙でよければ戦略論について教えてあげようという旨が書かれていた。

それからは桑田先生の推薦される書籍や、先生の論文などは全て読破し、安全保障について学んでいったのである。

その際、桑田先生が書かれた『攻防の論理』（原書房）に銀雀山漢墓で発掘された『竹簡孫子』の「攻」「守」に関わる解釈（現行『孫子』は「守則不足、攻則有余」とあるのに対し、『竹簡孫子』は「守則有余、攻則不足」と従来とは正反対の内容となっている）を、先生はクラウゼヴィッツの『戦争論』の「攻」「守」の解釈から導いて「守の態勢は余裕のあるもので、「攻勢」はとかく限界に達して苦しみがちなものである」という見解を示しているのを知った。

これを読み、私は素直な疑問を感じた。『孫子』のような紀元前の戦争形態に、ナポレオン戦争の形態の戦争を当てはめることが、はたして適当なのであろうか……という疑念である。

そこで先生に私の疑念をぶつけるとともに、佐藤一斎が『言志後録』で、

「攻むる者は余り有りて、守る者は足らず。兵法或は其れ然らむ。余は則ち謂う、『守る者は余り有りて、攻むる者は足らず』と。攻めざるを以て之を攻むるは、攻むるの上なり」

と述べ、「守る者は余り有りて、攻むる者は足らず」を最上の攻め方としている点を指摘した。すると先生は当時高校三年生であった私の解釈を、自説よりも適切だと受け入れて下さり、「君は『孫子』の専門家になりたまえ」と激励してくださったのである（この内容は「〈竹簡孫子〉再考——以〈形篇〉中〝守〟的解釈為中心展開討論」『濱州学院学報』第二十五巻第二期、二〇〇九年四月、として発表した）。

平成七年（一九九五）、大学に入学してからも先生は私を可愛がってくださり、当時、帝国陸軍の元幹部による親睦団体であった偕行社で開催されていた「偕行史談会」という会合に私を招いてくださり、以後は何度か偕行社に立ち入るようになっていった。

当時の偕行社はまだ帝国陸軍の佐官がお元気な時代で、この時代に帝国陸軍の人々の謦《けい》咳《がい》に接することができたのは、私にとって幸運であったと強く思っている。

その後、大学の学部時代に国士舘大学大学院に栗栖弘臣元統合幕僚会議議長が教鞭をとられていると聞き、大学も異なり年齢も不足していながら栗栖先生に頼み込み、大学院の授業に混ぜていただき、直接指導を受けることができた。

また平成十二年（二〇〇〇）には戦略研究学会の設立会で平間洋一元防衛大学校教授に、桑田先生が脳梗塞で第一線を退かれてからは、国士舘大学で教鞭をとっておられた杉之尾宜生元防衛大学教授に教えを受け、私が浅学菲才なのをも省みず現在に至るまで可愛がっていただいている次第である。

このように私の国防観を育てたのは、帝国陸軍、そして防衛大学校の諸先生方であった。本書の企画構想は実は二十年以上前にさかのぼる。山鹿流兵学といえばその頃盛んに年末のテレビで放映されていた『忠臣蔵』や吉田松陰に関する書籍では必ず出てくるが、実際に山鹿流兵学とは何かということについて深掘りしたものはなかった。

「継往開来《けいおうかいらい》」（先人の業績を引き継ぎ、それを発展させながら開拓すること）という言葉があるが、国防に関しては大東亜戦争による後遺症により今なお、兵学に対して満足に理解できていないのが現状である。自衛官の方々におたずねしても、日本兵学の重要性は認めつつも、日々の職務に忙しくそこまで研究を深めることは難しいという答えであった。大東亜戦争期における解釈の誤りはあったとしても、江戸期、否、『古事記』『日本書紀』の時代より受け継がれた伝統をここで断ち切るのは先人に対して相済まぬものであると私は考える。また本書で述べたように、現代に通じる多くの教唆を与えているのも事実である。

それであれば誰もが、簡潔に、日本兵学全般を通史として理解できるような入門書を書いたらどうだろうかと考えたのである。

本書は通史として書いたため、もっと深く知りたいという方には満足できない部分もあったかもしれない。だがこれを契機に日本兵学に関心を持つ人々が増えてくださるなら、筆者としてこれに勝る喜びはない。

本書の執筆に際してご指導をいただいた平間洋一元防衛大学校教授、杉之尾宜生元防衛大学教授、川又弘道元陸将、資料提供をいただいた中央乃木会飯島正弘事務局長、千田昌寛氏、そして今年は大政奉還百五十周年、来年は明治維新百五十周年となる節目に日本兵学が明治維新、大東亜戦争そして現代へと与えた影響を述べる機会を与えてくださった筑摩書房の松田健ちくま新書編集長に心より御礼を申し上げる次第である。

主要参考文献

秋山真之会編『秋山真之』（秋山真之会、一九三三年）
天野御民『松下村塾零話』（山陽堂、一九〇八年）
有馬成甫『北条氏長とその兵学』（明隣堂書店、一九三六年）
有馬成甫「距離測定法の伝来」（『日本歴史』第百六十三号、一九六二年）
有馬成甫『火砲の起原とその伝流』（吉川弘文館、一九六二年）
有馬成甫『武雄の蘭学』（武雄市教育委員会、一九六二年）
有馬成甫『高島秋帆』（吉川弘文館、一九八九年）
石岡久夫『日本兵法全集』全七巻（人物往来社、一九六七年）
石岡久夫『日本兵法史――兵法学の源流と展開』上下巻（雄山閣、一九七二年）
石岡久夫『山鹿素行兵法学の史的研究』（玉川大学出版部、一九八〇年）
石岡久夫『兵法者の生活』（雄山閣出版、一九八一年）
石崎吉和・齋藤達志・石丸安蔵「旧軍における退役軍人支援施策――大正から昭和初期にかけて」（『戦史研究年報』、第十五号、二〇一二年三月）
石塚勝美「中国における国連ＰＫＯ参加の歴史および今後の潜在性について」（『共栄大学研究論集』八、二〇一〇年三月）
市村久雄「大東亜戦争と孫子」（『有終』第三十巻第二号、一九四三年二月）
井上哲次郎『日本朱子学派之哲学』（冨山房、一九一五年）
井上哲次郎、有馬祐政共編『武士道叢書』上中下巻（博文館、一九〇九年）

今西靖治「国連PKOと平和構築――日本外交にとっての位置づけと課題」（『国際公共政策研究』十九‐一、二〇一四年九月）
大木陽堂『闘戦経』（教材社、一九四三年）
岡村誠之『現代に生きる孫子の兵法』（産業図書、一九六二年）
落合豊三郎『孫子例解』（軍事教育会、一九一七年）
カール・フォン・クラウゼヴィッツ『戦争論　レクラム版』（日本クラウゼヴィッツ学会訳、芙蓉書房出版、二〇〇一年）
木村友彦「陸上自衛隊創設以降の用兵思想の史的考察――野外令に内在する陸上自衛隊の用兵思想を明らかにする」（陸戦学会『陸戦研究』一‐二八、二〇一五年九月）
葛原和三「朝鮮戦争と警察予備隊――米極東軍が日本の防衛力形成に及ぼした影響について」（『防衛研究所紀要』八‐三、二〇〇六年三月）
佐佐木杜太郎「山鹿兵学門流の赤穂義士」（神道学会『神道学』通号六六、一九七〇年八月）
サミュエル・ブレア・グリフィス『孫子　戦争の技術』（漆嶋稔訳、日経BP社、二〇一四年）
桑原嶽『乃木希典と日露戦争の真実』（PHP研究所、二〇一六年）
経済雑誌社編『国史大系』全十七巻（経済雑誌社、一九〇五年）
河野省三『神道の研究』（森江書店、一九三〇年）
佐伯有義、植木直一郎、井野辺茂雄編『武士道全書』全十三巻（一九四四年）
佐藤堅司『世界兵学史話　西洋篇』（学而書院、一九三六年）
佐藤堅司『日本武学史』（大東書館、一九四二年）
佐藤堅司『皇道世界政策論』（日本放送出版協会、一九四二年）
佐藤堅司『神武の道』（講談社、一九四三年）
佐藤堅司『神武の精神』（弘学社、一九四四年）

佐藤堅司「「孫子」への回顧」（『史観』通号三十四・三十五、早稲田大学史学会、一九五一年）
佐藤堅司『孫子の体系的研究』（風間書房、一九六三年）
佐藤堅司『孫子の思想史的研究――主として日本の立場から』（原書房、一九八〇年）
佐藤波蔵「孫子管見」（『水交社記事』第三十七号第三巻、一九三八年九月）
佐藤波蔵「日本の古兵法を生かせ」（『水交社記事』第三十八巻第一号、一九三九年二月）
実松譲『海軍大学教育――戦略・戦術道場の功罪』（光人社、一九七五年）
篠田英朗「国連ＰＫＯにおける「不偏性」原則と国際社会の秩序意識の転換」（『広島平和科学』三十六号、二〇一五年三月）
上法快男『陸軍大学校』（芙蓉書房、一九七三年）
白井明雄『「戦訓報」集成』（芙蓉書房、二〇〇三年）
白井明雄『日本陸軍「戦訓」の研究――大東亜戦争期「戦訓報」の分析』（芙蓉書房、二〇〇三年）
新村出、久保田収『佐久間象山先生』（象山会、一九六四年）
杉之尾宜生『孫子』（芙蓉書房出版、二〇〇一年）
杉之尾宜生『大東亜戦争　敗北の本質』（ちくま新書、二〇一五年）
関はじめ、杉之尾宜生、落合たおさ『ＰＫＯの真実――知られざる自衛隊海外派遣のすべて』（経済界、二〇〇四年）
相馬宏『新令相続税法註解』（園屋書店、一九〇五年）
添谷芳秀「日本のＰＫＯ政策――政治環境の構図」（『法學研究』七十三、二〇〇〇年一月）
孫欲軒、徳田邕興『薩藩戦史考証』（皆兵社、一九一三年）
橘千蔭『万葉集略解』全二十巻（東壁堂永楽屋東四郎、一八一二年）
近松茂矩『円覚院様御伝十五箇条』（名古屋史談会、一九一二年）
坪内隆彦「皇道の理想を追い求めた孤高のエリート軍人　高嶋辰彦」（『月刊日本』十五巻七号、通号一七一、二〇一一年七月）

中柴末純『闘戦経の研究』（宮越太陽堂書房、一九四四年）
中村彰彦『なぜ会津は希代の雄藩になったか――名家老・田中玄宰の挑戦』（ＰＨＰ研究所、二〇一六年）
名越二荒之助、拳骨拓史『これだけは伝えたい武士道のこころ』（晋遊舎、二〇一四年）
西浦進『兵学入門――兵学研究序説』（田中書店、一九八〇年）
乃木神社社務所編『乃木希典全集』上中下巻（国書刊行会、一九九四年）
乃木希典『修養訓』（吉川弘文館、一九一二年）
野口武彦『江戸の兵学思想』（中公文庫、一九九九年）
サミュエル・Ｐ・ハンチントン『文明の衝突』（鈴木主税訳、集英社、一九九八年）
マイケル・Ｉ・ハンデル『米陸軍戦略大学校テキスト　孫子とクラウゼヴィッツ』（杉之尾宜生、西田陽一訳、日本経済新聞出版社、二〇一二年）
平間洋一「『孫子』の兵法と日本海軍」（『日本歴史』第五百二十号、一九九一年九月）
広瀬豊『山鹿素行全集』全十五巻（岩波書店、一九四〇年）
冨山房編輯部編『漢文大系（列子・七書）』第十三巻（冨山房、一九七五年）
前沢輝政『足利学校――その起源と変遷』（毎日新聞社、二〇〇三年）
前田勉『近世日本の儒学と兵学』（ぺりかん社、一九九六年）
前田勉『兵学と朱子学・蘭学・国学――近世日本思想史の構図』（平凡社、二〇〇六年）
前田透『日本陸軍用兵思想史』（天狼書店、一九九四年）
松宮観山『松宮観山集』全四巻（第一書房、一九八七年）
丸山敏雄『天津日を日神と仰ぎ奉る国民的信仰に就いて』（土井永市、一九三九年）
三浦藤作『日本倫理學史』（中興館、一九四三年）
宮田俊彦『吉備真備』（吉川弘文館、一九八八年）
宮地佐一郎『龍馬の手紙』（講談社、二〇〇三年）

安井小太郎『日本儒学史』(冨山房、一九三九年)
山口県教育会編『吉田松陰全集』全十巻(岩波書店、一九四〇年)
山田孝雄『神道思想史』(明世堂書店、一九四三年)
山屋太郎「日本古兵術と其の特質」(『水交社記事』第三十八巻第一号、一九三九年二月)
吉富滋『軍事援護制度の実際』(山海堂出版部、一九三八年)
ベイジル・リデル＝ハート『戦略論——間接的アプローチ』(森沢亀鶴訳、原書房、一九八六年)

ちくま新書
1280

兵学思想入門《へいがくしそうにゅうもん》
――禁《きん》じられた知《ち》の封印《ふういん》を解《と》く

二〇一七年九月一〇日　第一刷発行

著　者　拳骨拓史（げんこつ・たくふみ）
発行者　山野浩一
発行所　株式会社　筑摩書房
東京都台東区蔵前二-五-三　郵便番号一一一-八七五五
振替〇〇一六〇-八-四一二三
装幀者　間村俊一
印刷・製本　三松堂印刷　株式会社

乱丁・落丁本の場合は、左記宛にご送付ください。送料小社負担でお取り替えいたします。
ご注文・お問い合わせも左記へお願いいたします。
〒三三一-八五〇七　さいたま市北区櫛引町二-六〇四
筑摩書房サービスセンター　電話〇四八-六五一-〇〇五三

ISBN978-4-480-06986-3 C0221

ちくま新書

1132
大東亜戦争　敗北の本質
杉之尾宜生

なぜ日本は戦争に敗れたのか。情報・対情報・兵站の軽視、戦略や科学的思考の欠如、組織の制度疲労――多くの敗因を検討し、その奥に潜む失敗の本質を暴き出す。

1127
軍国日本と『孫子』
湯浅邦弘

日本の軍国化が進む中、精神的実践的支柱として利用された『孫子』。なぜ日本は下策とされる長期消耗戦を辿り、敗戦に至ったか？　中国古典に秘められた近代史！

861
現代語訳　武士道
新渡戸稲造
山本博文訳／解説

日本人の精神の根底をなした武士道。その思想的な源泉はどこにあり、いかにして普遍性を獲得しえたのか？　世界的反響をよんだ名著が、清新な訳と解説でいま甦る。

1257
武士道の精神史
笠谷和比古

侍としての勇猛な行動を規定した「武士道」だが、徳川時代に内面的な倫理観へと変容し、一般庶民の生活まで広く影響を及ぼした。その豊かな実態の歴史に迫る。

1101
吉田松陰
――「日本」を発見した思想家
桐原健真

2015年大河ドラマに登場する吉田松陰。維新の精神的支柱でありながら、これまで紹介されてこなかった思想家としての側面に初めて迫る、画期的入門書。

946
日本思想史新論
――プラグマティズムからナショナリズムへ
中野剛志

日本には秘められた実学の系譜があった。『TPP亡国論』で話題の著者が、伊藤仁斎、荻生徂徠、会沢正志斎、福沢諭吉の思想に、日本の危機を克服する戦略を探る。

1099
日本思想全史
清水正之

外来の宗教や哲学を受け入れ続けてきた日本人。その根底に流れる思想とは何か。古代から現代まで、この国のものの考え方のすべてがわかる、初めての本格的通史。

ちくま新書

1096
幕末史
佐々木克

日本が大きく揺らいだ激動の幕末。そのとき何が起き、何が変わったのか。黒船来航から明治維新まで、日本の生まれ変わる軌跡をダイナミックに一望する決定版。

951
現代語訳 福澤諭吉 幕末・維新論集
福澤諭吉
山本博文訳／解説

激動の時代の人と風景を生き生きと描き出した傑作評論選。勝海舟、西郷隆盛をも筆で斬った福澤思想の核心とは。「瘦我慢の説」「丁丑公論」他二篇を収録。

990
入門　朱子学と陽明学
小倉紀蔵

儒教を哲学化した朱子学と、それを継承しつつ克服しようとした陽明学。東アジアの思想空間を今も規定するその世界観の真実に迫る、全く新しいタイプの入門概説書。

1017
ナショナリズムの復権
先崎彰容

現代人の精神構造は、ナショナリズムとは無縁たりえない。アーレント、吉本隆明、江藤淳、丸山眞男らの名著から国家とは何かを考え、戦後日本の精神史を読み解く。

1161
皇室一五〇年史
浅見雅男
岩井克己

歴代天皇を悩ませていたのは何だったのか。皇位継承、宮家消滅、結婚トラブル、財政問題――様々な確執やスキャンダルを交え、近現代の皇室の真の姿を描き出す。

1224
皇族と天皇
浅見雅男

日本の歴史の中でも特異な存在だった明治以降の皇族。彼らはいかなる事件を引き起こし、天皇を悩ませてきたか。近現代の皇族と天皇の歩みを解明する通史決定版。

957
宮中からみる日本近代史
茶谷誠一

戦前の「宮中」は国家の運営について大きな力を持っていた。各国家機関の思惑から織りなされる政策決定を見直し、大日本帝国のシステムと軌跡を明快に示す。

ちくま新書

1271 天皇の戦争宝庫——知られざる皇居の靖国「御府」 井上亮
御府と呼ばれた五つの施設は「皇居の靖国」といえる。しかし、戦後その存在は封印されてしまった。皇居に残された最後の禁忌を描き出す歴史ルポルタージュ。

1036 地図で読み解く日本の戦争 竹内正浩
地理情報は権力者が独占してきた。地図によって世界観が培われ、その精度が戦争の勝敗を分ける。歴史の転換点を地図に探り、血塗られたエピソードを発掘する！

1236 日本の戦略外交 鈴木美勝
外交取材のエキスパートが読む世界史ゲームのいま。「歴史」の和解と打算、機略縦横の駆け引き、舞台裏で支えるキーマンの素顔……。戦略的リアリズムとは何か！

1199 安保論争 細谷雄一
平和はいかにして実現可能なのか。安保関連法をめぐる激しい論戦のもと、この重要な問いが忘却されてきた。外交史の観点から、現代のあるべき安全保障を考える。

1152 自衛隊史——防衛政策の七〇年 佐道明広
世界にも類を見ない軍事組織・自衛隊はどのようにできたのか。国際情勢の変動と平和主義の間で揺れ動いてきた防衛政策の全貌を描き出す、はじめての自衛隊全史。

1033 平和構築入門——その思想と方法を問いなおす 篠田英朗
平和はいかにしてつくられるものなのか。武力介入や犯罪処罰、開発援助、人命救助など、その実際的手法と背景にある思想をわかりやすく解説する、必読の入門書。

1267 ほんとうの憲法——戦後日本憲法学批判 篠田英朗
英米法ではなく大陸法で日本国憲法を解釈する「抵抗の憲法学」こそが全ての混乱の元である。憲法学者の曲解を排除し、国際協調主義に立つ真の憲法像を提示する。